小島 渉

わたしの カブトムシ研究

さ・え・ら書房

わたしのカブトムシ研究

わたしのカブトムシ研究――もくじ

第一章　カブトムシとの出会い　5
◆カブトムシの記憶《きおく》　6／◆進化生態学との出会い　11／◆カブトムシと再会する　14／◆カブトムシとは　16／◆カブトムシのくらし　19／◆カブトムシが生息する環境《かんきょう》　27
【コラム】カブトムシは減っているのか　30
第二章　集まる幼虫たち　31
◆幼虫の集中分布　32／◆幼虫は互《たが》いに引き寄せあう？　36／◆音かにおいか　39／◆においの正体を探る　43／◆呼気に集まる幼虫たち　46／◆二酸化炭素の発生源　49／◆集まることで幼虫は得をするか　54
【コラム】カブトムシの飼育における事故　56

第三章　土の中のコミュニケーション　57

◆隣《とな》り合う蛹室《ようしつ》　58／◆幼虫はいっせいに蛹《さなぎ》になる　61／◆壊《こわ》されることのない蛹室《ようしつ》　67／◆振動《しんどう》を幼虫に再生する　72／◆幼虫の反応を調べる　76

第四章　カブトムシを食べたのは誰《だれ》？　83

◆残骸《ざんがい》のなぞ　84／◆捕食者《ほしょくしゃ》を撮影《さつえい》する　86／◆思いがけない天敵　89／◆樹液を訪れる動物たち　95／◆身近な動物、タヌキ　99／◆残骸《ざんがい》を区別する　101／◆大きいオスは食べられやすい？　107

第五章　体の大きさのばらつきを説明する　111

◆体の大きさのばらつきはどのようにして生じるか　112／◆南西諸島《なんせいしょとう》のカブトムシのなぞ　119

あとがき　123

第一章

カブトムシとの出会い

◆カブトムシの記憶《きおく》

わたしは奈良《なら》県生駒《いこま》市で育った。家の周りは、大阪《おおさか》のベッドタウンとして開発が進んでいたが、丘陵部《きゅうりょうぶ》には雑木林や水田が少ないながらも残されていた。小学生の頃《ころ》、時間を見つけては家の周りで昆虫《こんちゅう》を採集していた。これは今も変わっていないが、一センチに満たないような小さくて地味な昆虫《こんちゅう》よりも、派手で大きくて見栄えのよい種類が好きだった。なかでもハンミョウがお気に入りだった。自宅から歩いて十五分くらいのところにある造成地には、たくさんのハンミョウがいつでも見られ、捕虫網《ほちゅうあみ》で追いかけた。ハンミョウは手でつかむと何ともいえない独特の甘《あま》いにおいを発した。

また、当時わたしが住んでいたマンションの一階のラウンジには、夏の夕方になると毎日のようにヤンマの仲間が迷いこんできた。ほとんどが小型の種であるカトリヤンマだったが、青い目をした大型のヤブヤンマもその中に混じることがあった。ヤンマの美しさに魅了《みりょう》され、マンションのヤンマをチェックするのが楽しい日課の一つだった。

このマンションはどうやら昆虫《こんちゅう》の通り道になっていたようで、夏になるとマンションの廊下《ろうか》に

スズメの死骸《しがい》に集まるオオヒラタシデムシ

カナブンや、運が良ければタマムシなどの大型で美しい甲虫《こうちゅう》たちが仰向《あおむ》けになって転がっており、手軽に昆虫《こんちゅう》採集を楽しむこともできた。週末には電車に乗って遠くまで昆虫《こんちゅう》採集にいくこともあり、三重県のため池で、あこがれのタガメを初めて捕《つか》まえた日の感動は、鋭《するど》い口吻《こうふん》で指を刺《さ》された強烈《きょうれつ》な痛みとともに今でもはっきりと覚えている。

採集した昆虫《こんちゅう》は標本にするよりも、飼育して観察することが多かった。家の中ではカマキリを放し飼いにしており、気がつくとカーテンに卵塊《らんかい》が産みつけられていることもあった。早春になると、野外よりも一足先に孵化《ふか》したカマキリの子どもが家のあちこちを這《は》い回った。センチコガネ、ゴホンダイコク

わたしの好きなヘビ、ジムグリ

コガネ、オオヒラタシデムシのような腐肉《ふにく》や動物の糞《ふん》を食べる甲虫《こうちゅう》、ミズカマキリ、タガメなどの肉食性の水生昆虫《こんちゅう》、エンマコオロギやキリギリスなど、今覚えているだけでも五十種類くらいの昆虫《こんちゅう》を飼ったのではないかと思う。

　興味の対象は昆虫《こんちゅう》にとどまらなかった。昆虫《こんちゅう》採集に出かけると多くのヘビと出会った。そして次第にそれらに興味を持ち、捕《つか》まえるようになっていた。ヘビへの好奇心は日に日にエスカレートし、昆虫《こんちゅう》採集に行くときはヘビ取り棒と称《しょう》する自作の捕獲《ほかく》道具を持って行くほどであった。実際にこの道具が活躍《かつやく》した記憶《きおく》はほとんどないが、運が良い日には十匹《ぴき》を超《こ》えるヘビを捕獲《ほかく》することができた。ヘビだけは残念ながら飼うことが許されなかったので、捕《つか》まえた個体は写真を撮《と》ってその場で逃《に》がしていた。

シマヘビは自宅周辺では普通《ふつう》に見られる種だったが、その美しさにすっかり魅《み》せられていた。また、関東ではなかなか見られない、カラスヘビと呼ばれるシマヘビの黒化型もしばしば見られた。シマヘビは今でも最も好きな生き物の一つであり、秋晴れの日にはこのヘビに会うために多《た》摩丘陵《まきゅうりょう》の里山へと足を運ぶ。シマヘビに次いで多くみられるのはヤマカガシだった。こちらも関東のものに比べると黒っぽいものが多く、関東で初めてヤマカガシを見たときはあまりの鮮《あざ》やかさに別の種かと思ったほどである。その二種以外にはなかなか会うことができなかったが、オレンジ色に輝《かがや》くジムグリの幼蛇《ようだ》を捕《つか》まえたときのうれしさは格別だった。

多くの昆虫《こんちゅう》少年同様、クワガタムシやカブトムシにも夢中になった。しかし、その当時、近所の林で採ることができたのはコクワガタやスジクワガタのような、どちらかというとやや地味な種類ばかりで、きちんとした採集法を当時知らなかったこともあるだろうが、近所の林ではカブトムシはなぜか一度も見たことがなかった。少し足を伸《の》ばして生駒山《いこまさん》のほうまで行くと、ヒラタクワガタやミヤマクワガタなどに混じりカブトムシも採集できることがあったが、基本的にはカブトムシは手に入りにくい特別な昆虫《こんちゅう》の一つだった。だからカブトムシが採集できたときの記憶《きおく》は、どれも鮮明《せんめい》に残っている。

そのなかでも最も印象的なのは、カブトムシの幼虫を見つけたときのものだ。どういういきさつだったかはよく覚えていないが、冬に、愛知県にある祖父母の実家近くで、父とともに竹やぶに転がっている朽《く》ちた丸太をひっくり返した。すると、透明感《とうめいかん》のある乳白色をしたカブトムシの巨大《きょだい》な幼虫が、何匹《なんびき》も土の上に横たわっていた。黒い土と白い幼虫の対比は忘れられない。今になって思うと、このときの出会いが、カブトムシの研究を志した原点だったのかもしれない。

◆進化生態学との出会い

小学校の高学年の頃《ころ》だっただろうか、冬の雑木林で一羽の美しいツグミを見たことをきっかけに、野鳥にのめりこむようになった。自宅から電車で十分くらいのところにある平城京のため池は、多くの野鳥が訪れる有名な場所であった。ここに足しげく通い、オシドリ、オオタカ、カワセミ、ベニマシコ、ヨシゴイ、ハジロカイツブリ、コホオアカなどさまざまな種の野鳥を観察した。池に浮《う》かぶたくさんのキンクロハジロの中から、世界に千羽しかいないと言われている鈍《にぶ》い輝《かがや》きを放つアカハジロを見つけた日のことはよく覚えている。

その後、大和川《やまとがわ》河口の大型カモメ類、大阪城《おおさかじょう》公園の渡《わた》りの小鳥類、大阪南港《おおさかなんこう》野鳥園のシギやチドリなどに夢中になり、暇《ひま》さえあれば鳥を探していた。そのころから、将来は野鳥の研究をしてみたいと考えるようになっていた。しかし、学問として野鳥や生き物の研究をするのがどういう意味を持つのかは、まだうまくイメージすることはできなかった。

大学生になっても相変わらずバードウォッチングに明け暮れていたが、ある日転機が訪れた。わたしが当時所属していた東京大学の教養学部では、進化生物学者である長谷川眞理子《はせがわまりこ》先生（現総合研究大学院大学教授）が生き物やヒトの行動の進化に関する授業をされていた。大学一年生のとき、長谷川先生の講義のなかで登場した「自然淘汰《しぜんとうた》」という理論に強い衝撃《しょうげき》を受けた。自然《しぜん》淘汰《とうた》という理論は以下のようなものである。

生き物には同じ種類でも個体変異がある。その変異のなかには親から子へ受け継《つ》がれる（遺伝する）ものがある。ある特定の変異を持った個体は生存に有利で多くの子どもを残すことができる。するとその変異が世代を経るにつれ集団のなかに広がっていくというものである。自然淘汰《しぜんとうた》はとてもシンプルな理論だが、ヒトを含《ふく》めたあらゆる生き物の形や行動が、なぜそのようにうまくできているかについて見事に説明することができるのだ。

長い年月がたち、目立たない
色の虫が増えた⇒自然淘汰

長谷川先生は講義の中で、野鳥や昆虫《こんちゅう》などの興味深い生態を紹介《しょうかい》しながら、それらがどのように自然淘汰《しぜんとうた》によって進化してきたのかを生き生きと説明された。わたしは自然淘汰《しぜんとうた》という理論の虜《とりこ》となってしまった。この理論を通して自然を眺《なが》めると、生き物の生き様というのがそれまで見ていたものとまったく違《ちが》って見えるのだ。自然淘汰《しぜんとうた》理論から生き物の生態を解釈《かいしゃく》する学問を進化生態学という。この学問は、自然や生き物の見方に新たな価値を与《あた》えてくれる可能性のあるすばらしいものであると感じた。同時に、進化生態学は身近な学問であり、何か自分にしかできない発見ができるのではないかという予感がした。

◆カブトムシと再会する

カブトムシを研究対象としてはじめて意識したのは大学三年生の冬頃《ふゆごろ》だったと思う。その頃《ころ》のわたしはバードウォッチングに明け暮れ、都内の都市公園に通いつめていた。その年は十年に一度とも言われるほどの冬鳥の〈当たり年〉であり、クロジやルリビタキなどの常連に加え、ヒレンジャク、ウソ、トラツグミ、ハチジョウツグミのようなめずらしい鳥たちが平地のちょっとした緑地でも観察でき、鳥見三昧《とりみざんまい》の充実《じゅうじつ》した日々を送っていた。

ある日、鳥を見るために訪れた都市公園の林の中で、地面に転がっている丸太を何気なくひっくり返したところ、真っ白い巨大《きょだい》な芋虫《いもむし》が何匹《なんびき》も現れた。幼い頃《ころ》に初めてカブトムシの幼虫を見たときの記憶《きおく》が鮮《あざ》やかによみがえった。久しぶりに見つけたカブトムシの幼虫に感激し、それからしばらくはバードウォッチングの合間にカブトムシの幼虫を探す日々が続いた。当時は不慣れなこともあってなかなか見つけることができなかったが、ある日、多摩《たま》丘陵《きゅうりょう》の雑木林に積まれた落ち葉の山の中から再びたくさんのカブトムシの幼虫を発見した。夢中で落ち葉を掘《ほ》り進めると次々に巨大《きょだい》な幼虫が姿を現し、その数は二百以上に達した。

生き物を探すという作業にはコツがあって、一度それをつかむと次々と居場所がわかるように

土の中から現れたカブトムシの幼虫

なるものである。わたしもその後あらゆる場所でカブトムシの幼虫を掘《ほ》り出せるような能力を身につけた。あちこちで幼虫を掘《ほ》り出しているうちにある不思議なことに気付いた。幼虫たちは落ち葉の山の中でもある特定のエリアにいつも集中して分布しているようなのだ。落ち葉の山は五畳《じょう》ほどに広がっているのに、なぜか何匹《なんびき》もの幼虫が体を折り重ねるようにして土の中から現れることもしばしばあった。

もっと散らばっていたほうが餌《えさ》もたくさん食べられるだろうに、なぜこんな窮屈《きゅうくつ》な生活をしているのだろうか？　なにか集まっていると良いことがあるのだろうか？　そもそも暗い土の中に住んでいて目もほとんど見えないであろう幼虫たちが、どうやって示し合わせたかのように一か所に集まることができ

クヌギの樹液に集まるカブトムシやクワガタ、カナブンなどの甲虫

るのだろうか？

◆カブトムシとは

わたしのカブトムシ研究について紹介《しょうかい》する前に、カブトムシとはどんな生き物なのか、また、どんなくらしをしているのかを簡単に説明しておこう。

カブトムシは甲虫目《こうちゅうもく》コガネムシ科カブトムシ亜《あ》科《か》に属する、日本最大の昆虫《こんちゅう》の一つである。クワガタムシは、カブトムシと同じように樹液に集まることや、カブトムシ同様オスが武器を持っていることから、カブトムシの親戚《しんせき》のような存在だと思っている人も多いようだ。しかし、実際にはクワガタムシはクワガタムシ科の昆虫《こんちゅう》であり、カブトムシとは進化的に見てかなり離《はな》れた分類群である。カブトムシはクワガタムシよりも、コガネムシやカナブンの仲間にずっと近い。カブトムシのメスとコガネムシを見比べてみると納得してもらえるだろう。

また、カブトムシのオスの武器は頭部や胸部の外骨格《がいこっかく》が変化してできた〈角《つの》〉だが、クワガタの武器は口器《こうき》の大顎《おおあご》が肥大化したものであり、両者の武器の進化的な起源はまったく異なっている。さらに、クワガタムシの仲間は日本に数十種類分布しているのに対し、カブトムシの仲間は数種類のみである。

カブトムシといえばオスの長い角がトレードマークである。しかし、カブトムシの仲間（カブトムシ亜科《あか》）で長い角を持つ種は決して多くない。国内に生息する数種のカブトムシ亜科《あか》のうち、立派な角を持っているのはカブトムシ一種のみである。たとえば、国内に広く生息するコカブトムシは、体の大きさは一センチ程度であり、角らしい角もほとんど見られないため、昆虫《こんちゅう》のことをよく知らない人であれば、カブトムシの仲間だとはまず気付かないだろう。オスとメスの見分けは外見からは困難であることが多い。しかも彼らは樹液に来ることは少なく、他の昆虫《こんちゅう》やその死骸《しがい》を食べることが多い。海外に目を向けてみても、ヘラクレスオオカブトやコーカサスオオカブトのような華《はな》やかで人気のある種が生息している一方、角を持たないような種が実際には大半を占《し》めている。

カブトムシ亜科《あか》の分布の中心は、中南米および東南アジアである。日本は、特に大型のカブトムシ亜科《あか》の生息域としては例外的であり、カブトムシが生息しているのは当たり前のことではないのだ。しかも、ヘラクレスオオカブトをはじめとした大型のカブトムシの多くは標高千メートルを超《こ》える高地に生息し、一般《いっぱん》の人にとっては生息場所にいくことすら容易ではない。日本のように海抜《かいばつ》ゼロメートル付近の海岸沿いや都市公園にも普通《ふつう》に大型のカブトムシの仲間が生息しているのは、とてもぜいたくなことなのだ。

欧米《おうべい》では身近な場所に角のあるカブトムシが生息していないためであろうか、海外、特に欧米《おうべい》でのカブトムシの知名度はかなり低い。そのためかカブトムシの仲間は研究対象とされることもほとんどなかった。一方、日本ではカブトムシは江戸《えど》時代から「さいかち」と呼ばれて親しまれてきた昆虫《こんちゅう》であるにもかかわらず、やはりほとんど研究されてこなかった。

日本では、農業害虫の防除など、実生活に直結するような研究に多く研究費が使われる傾向《けいこう》にあり、カブトムシの生態研究のように基礎的《きそてき》な研究は軽視されてきたのだろう。また、カブトム

シは子どもの遊び相手であり、大の大人がまじめに研究する材料としてはふさわしくないと思われている節があるようだ。ここ数年になってようやく国内外にカブトムシの研究者が増え始めたが、その数はまだ片手で数えられるほどである。カブトムシが研究対象として注目されてこなかったのは残念ではあるが、見方を変えれば、新しい発見をできる可能性が広がっているということでもある。

◆カブトムシのくらし

カブトムシの寿命《じゅみょう》は約一年だが、そのほとんどの期間を土の中で過ごす。幼虫の餌場《えさば》となるのは、落ち葉などが時間をかけて分解されてできた

カブトムシの卵。産卵直後（左）と２週間後（右）

腐葉土《ふようど》である。交尾《こうび》を終えたカブトムシのメスは、夜になると飛び回り、適した産卵場所を探す。メスは良さそうな場所を見つけると、二〇センチほどの深さのところにまで潜《もぐ》りこみ、何らかの方法で土を固めて、産卵管で小さな穴を作り、そこに一つずつ卵を産みつけてゆく。メスは一回の産卵で二十から三十個ほどの卵を産むようだ。卵は二〇ミリグラムほどで、はじめは純白で楕円形《だえんけい》をしているが、時間を経るとともに水分を吸って球状になり、表面も褐《かっ》色《しょく》に着色してゆく。二週間後には五〇ミリグラムほどにまで成長し、幼虫の姿が透《す》けて見えるようになる。間もなく孵化《ふか》が始まり、体長五ミリメートルほどの一齢《いちれい》幼虫が姿を現す。幼虫は腐葉土《ふようど》などを食べながら成長し、二度の脱皮《だっぴ》を経て（三齢《さんれい》幼虫と呼ばれる）、孵化《ふか》後約六十日で体重は孵化《ふか》したときの体重の約四百倍、二〇グラムほどに達する。

これほどまでに幼虫が素早く成長できる大きな要因の一つは、腐葉土《ふようど》に豊富に含《ふく》まれるタンパク質にある。腐葉土《ふようど》の原料である枯《か》れ葉《は》や朽《く》ち木《き》自体はもともとタンパク質を多く含《ふく》んでいるわけではない。しかし、微生物《びせいぶつ》の発酵《はっこう》のはたらきによって枯《か》れ葉《は》などが分解され腐葉土《ふようど》ができる過程で、タンパク質の割合が上昇《じょうしょう》する。また幼虫は腐葉土《ふようど》を食べるとき、いっしょに多量の微生物《びせいぶつ》を体に取りこみ消化する。細菌《さいきん》や菌《きん》などの微生物《びせいぶつ》は幼虫のタンパク源としてとても重要である。腐葉土《ふようど》はたいてい落ち葉の層のすぐ下に多く存在しているため、幼虫もふだんはそのような浅いところから見つかることが多い。

秋が深まるにつれ、越冬《えっとう》に向けて幼虫が脂肪《しぼう》を蓄《たくわ》えるため、透明《とうめい》だった体色はわずかに黄色味を帯びてくる。十一月頃《ごろ》になると活動がにぶり餌《えさ》もほとんど食べなくなり、越冬《えっとう》に入る。冬の間は地表から二〇〜三〇センチほどの、腐葉土《ふようど》のやや深い場所から見つかることが多い。しかし、冬の間も晴れて気温が上がると、地表近くへやってきて餌《えさ》を食べることがあるようだ。越冬期《えっとうき》には幼虫の体重は少し低下するが、春に越冬《えっとう》から覚めるとすぐに体重は回復し、五月頃《ごろ》にはメスで約二〇グラム、オスで約三〇グラムに達する。初夏になると幼虫はあまり餌《えさ》を食べなくなり、体

蛹室《ようしつ》内の蛹《さなぎ》（オス）

重が減少、体にはつやがなくなり、黄色味も強くなる。やがて幼虫は腐葉土《ふようど》の二〇センチほどの深さにもぐりこみ、蛹室《ようしつ》と呼ばれる蛹《さなぎ》になるための部屋を作る。

蛹室《ようしつ》は美しい卵形をしており、腐葉土《ふようど》と液状の糞《ふん》を混ぜたものを、幼虫がゆっくりと体を回転させるようにして塗《ぬ》り固めることで作られるようだ。オスの蛹室《ようしつ》はメスのものよりもやや縦長に作られるが、これは蛹《さなぎ》になって角を伸《の》ばしたときのことを見越《みこ》してのものだろう。蛹室《ようしつ》が完成し数日たつと、幼虫は蛹室《ようしつ》内でCの字の体勢になる。この状態を前蛹《ぜんよう》と呼ぶ。十日間ほどすると脱皮をおこない蛹《さなぎ》へと変態する。

蛹《さなぎ》になってはじめてオスの頭部には角が出現

し、性別がはっきりと区別できるようになる。蛹《さなぎ》になるとすぐに、主要な器官を残して蛹《さなぎ》の内部はいったんドロドロになる。その後、徐々《じょじょ》に蛹《さなぎ》の中で成虫の体が作り上げられてゆく。羽化が近づくと、蛹《さなぎ》は黒ずんでゆき、やがて内部に成虫の姿が透《す》けて見えるようになる。蛹《さなぎ》になってから約二十五日で成虫が姿を現す。成虫は一週間そのまま蛹室《ようしつ》内で過ごした後、蛹室《ようしつ》をやぶって地表に現れ、活動を始める。

活動を始めたカブトムシは夜間に林の中を飛び回り、餌場《えさば》を探す。カブトムシの餌《えさ》は樹液である。樹液とは、木に傷が付いたときに染み出す、ミネラルや糖を含《ふく》んだ液のことである。そのような傷は、カミキリムシによる食害、ヒトによる枝の伐採《ばっさい》、落雷《らくらい》などが原因となってできるのではないかと考えられている。さらに、ボクトウガというガの幼虫が傷口を広げることなどによって、樹液が恒常的《こうじょうてき》に染み出すようになり、そこで酵母《こうぼ》による発酵《はっこう》がおこる。発酵《はっこう》の過程で鼻がつんとするようなすっぱいにおいが発生するが、このにおいに多くの昆虫《こんちゅう》が引き付けられる。

樹液には、昼間はカナブン、スズメバチ、ヒカゲチョウの仲間、オオムラサキ、スミナガシ、ケシキスイの仲間が集まり、夜になると、ゴキブリ、クワガタムシ、カブトムシなどでにぎわう。樹液に集まる昆虫《こんちゅう》は、樹液だけでなく、そこで繁殖《はんしょく》している酵母《こうぼ》も重要な餌《えさ》としていると考えられている。また、カブトムシは、樹液の出ていない木でも自ら口器で傷をつけ、樹液を出すことがある。これは、ヘラクレスオオカブトやコーカサスオオカブトのような南方系の大型種に特によく見られるが、日本のカブトムシでもときどき観察される。

昆虫《こんちゅう》が集まる樹種としては、クヌギ、コナラ、クリなどが有名だが、アラカシやスダジイなどの常緑広葉樹も樹液を出すことがある。常緑広葉樹から出る樹液はあまり目立たないため、注意していないと見落としがちだが、昆虫《こんちゅう》たちの餌場《えさば》としては無視できない存在である。都内の都市公園ではしばしばクワの木の樹液を吸っているのを見かける。クワは、トラカミキリやクワカミキリをはじめとしたカミキリムシが好む木であり、カミキリムシの食害でできた傷から樹液が染み出してくるようである。また河川敷《かせんしき》などの水辺では、ヤナギの仲間も重要な餌場《えさば》となる。ヤナギの仲間は樹皮が薄《うす》いため、カブトムシ自身が傷つけて樹液を出すことが多いようだ。そのほか、庭木などによく利用されるトネリコという木には、理由はよく分からないが昼間から多くのカブトムシが訪れることがあり、夏になるとメディアに取り上げられることもある。

成虫は早ければ五月中旬頃《ちゅうじゅんころ》から野外で見られるが、本格的に数が増え始めるのは七月に入ってからだ。ピークの期間は短く、関東地方の平地であれば例年七月二十日から八月五日ほどまでで

昼間、枝先で休むカブトムシ

あり、お盆《ぼん》を過ぎる頃《ころ》には極端《きょくたん》に数が減ってしまう。成虫は夜行性であり、昼間に樹液を探してもあまり見つからない。昼間カブトムシはどこにいるのだろうか。少し昔の図鑑《ずかん》には、樹液の出る木の根元にもぐって休んでいると書かれていることがあるが果たして本当だろうか。

最近になって、台湾《たいわん》の研究者がカブトムシに発信機をつけてカブトムシのねぐらを調べたことがある。その結果、オスは地面ではなく木の梢《こずえ》のほうの茂《しげ》った葉の中で休んでいることがわかった。メスは発信機が取れてしまうことが多く、うまく調べられなかったそうだが、少なくともオスは地面にもぐっているわけではなさそうだ。そもそもカブトムシのオスは長い角が邪魔《じゃま》になるために地面にもぐるのは得意でない。昼間にカブトムシを探すときは、樹液のそばの枝先をよく探してみよう。良い樹液のそばであれば、何匹《なんびき》ものオスが休んでいるのを観察できることもある。

夜になるとカブトムシは活動を始めるが、その活動時間はずいぶんと遅《おそ》い。わたしはバナナを発酵《はっこう》させたトラップを東京目黒区の公園に置いて、カブトムシが何時ごろに最も多く集まるかを観察したことがある。ふだん朝型の生活をしているわたしにとっては過酷《かこく》な調査だったが、おもしろいことがわかった。トラップに飛来する個体数は二十三時から零時頃《れいじころ》にかけて急増していた。日没《にちぼつ》直後から活動するものだとなんとなく予想していたので意外な結果だった。樹液の場合は近くで休んでいる個体がいるので、もう少し早い時間でも良いのかもしれないが、カブトムシを採集するなら零時《れいじ》から二時くらいの間が理想的である。カブトムシはこれほど特徴的《とくちょうてき》で大きな昆虫《こんちゅう》なのに、意外にも多くの人は身近に生息していることに気付いていない。このことの最大の理由は、カブトムシが活発に活動する時間が、人間の活動時間と完全に逆転しているためかもしれない。

成虫は、屋内で餌《えさ》をたっぷり与《あた》え、一匹《ぴき》ずつ大切に飼育してやると二か月くらい生きることもめずらしくない。しかし、野外での寿命《じゅみょう》は非常に短く、せいぜい一週間程度であるとされている。わたしも実際に東京都目黒区で、個体数やどのくらい移動するのかを知るために、採集した個体にマークをつけて放していたことがある。やはり一週間以上たってから再びマークの付いた個体を回収することはほとんどなかった。つまり野外のカブトムシは一週間ほどでほぼ完全に入れ替《か》わっていると考えてよい。野外では十分な餌《えさ》にありつけなかったり、天敵に襲《おそ》われてしまうため、本来の生理的な寿命を全うすることはほとんど不可能なのだろう。カブトムシは蛹室《ようしつ》から出るとすぐに力強く飛び回り、餌《えさ》や交尾《こうび》相手を探そうとする。おそらく成虫にはのんびりしている時間はなく、太く短く生きることに特化しているかのようだ。

◆カブトムシが生息する環境《かんきょう》

カブトムシは人里離《はな》れた山の中にはほとんど生息していない。なぜなら幼虫の餌場《えさば》が山の中にはほとんどないからだ。カブトムシの生息できる条件を考える上では、成虫よりも幼虫の餌場《えさば》の有無が重要である。成虫はクヌギやコナラなどの落葉広葉樹以外の樹種からも樹液を吸うことができるし、実際に常緑広葉樹の林にもカブトムシは生息している。一方、幼虫の餌場《えさば》となるような、落ち葉の溜《た》まり場はそう簡単にできるものではない。現在観察できる幼虫の餌場《えさば》のほとんど

幼虫の生息地：公園の材捨て場

は、人間の活動によって作られた場所である。最も代表的なものは里山の堆肥《たいひ》や腐葉土《ふようど》置き場だ。

里山とは、田畑や雑木林がモザイク状に組み合わさった環境《かんきょう》のことを言う。里山では、農家の人たちが雑木林から採集してきた落ち葉を積み上げ、ときにはそこに牛糞《ぎゅうふん》などをまぜて堆肥《たいひ》や腐葉《ふよう》土《ど》を作り、肥料として利用している。冬にそのような場所を掘《ほ》ると、ゴロゴロと幼虫が出てくるはずだ。また、里山の雑木林にはクヌギやコナラなどの樹液を出す木も多いため、成虫の餌場《えさば》という点でも恵《めぐ》まれている。

では里山以外にカブトムシが好む環境《かんきょう》はどのようなものがあるだろうか。意外に侮《あなど》れないのが公園や学校など、落ち葉掃《は》きや木の伐採《ばっさい》を定期的におこ

幼虫の生息地：農家の堆肥《たいひ》

なっているような場所である。掃除《そうじ》のときに出た材や落ち葉を集めておく場所があれば、幼虫にとって格好の餌場《えさば》となる。そのような場所さえ作られれば、カブトムシは大都会の小さな公園でも生息できる。東京では一〇〇メートル四方ほどの広さしかない公園でもカブトムシが生息していることがある。

また河川敷《かせんしき》もカブトムシが多く見られる環境《かんきょう》である。河川敷《かせんしき》では、河川が氾濫《はんらん》した際に枯《か》れ木や丸太が流れ着くことが多く、それらが幼虫の餌《えさ》となっていることが多い。カブトムシを探すときは以上のような点を踏《ふ》まえ、思いこみを捨てていろいろな場所を探してみるとよい。意外に身近な場所でも、たくさんのカブトムシを捕《つか》まえることができるかもしれない。

【コラム】カブトムシは減っているのか

カブトムシは昔に比べて採れにくくなっているという話は様々な場所で耳にする。これは本当だろうか？　おそらく同じ場所で何十年もの間カブトムシの数を調べ続けた人はいないので、きちんとした答えを出すのは難しい。確かに農業に携《たずさ》わる人が減るとともに里山は荒廃《こうはい》し、そのことがカブトムシに影響《えいきょう》を与《あた》えることは考えられる。しかし、高度成長期にあちこちに作られた都市公園や学校などの公共施設《しせつ》では木が成長し、カブトムシにとっての新たな楽園となっている可能性も高い。

わたしの直感では、カブトムシは簡単に数を減らすほどデリケートな虫ではないように思うが、本当のことを知るには、今後も調査を続けていく必要があるだろう。

第二章

集まる幼虫たち

◆幼虫の集中分布

カブトムシの幼虫が狭《せま》い範囲《はんい》に集中して分布しているのではないかと疑いを持ち始めたのは大学三年生の頃《ころ》だが、すぐにカブトムシの研究を始めたわけではなかった。果たしてこの研究がうまくいくのかという確信がなかったし、そもそも幼虫が集中して分布しているというのはわたしの思いこみである可能性もある。そのため、ある程度下調べをしてから本格的に研究に取りかかろうと思ったのだ。大学四年生のときはツバメの研究をして、野外調査に必要なさまざまな技術、集めたデータを解析《かいせき》する方法、論文の書き方などを学んだ。

大学院に進学してもしばらくはカブトムシ以外の昆虫《こんちゅう》の研究をしていたが、実験の合間に、カブトムシの幼虫の集合に関するデータを取ってみることにした。まずは、実際に幼虫が野外でランダムではなく集中して分布していることをきちんと確かめておかなければならないだろう。

二〇一〇年の三月、野外調査をおこなった。調査場所は、わたしが足しげく通っていた、東京都と神奈川《かながわ》県にまたがる多摩《たま》丘陵《きゅうりょう》の里山だ。幼虫がたくさんいる腐葉土《ふようど》置き場を冬の間に見つけておいたのだ。腐葉土《ふようど》を作っている畑の持ち主に断り、少しずつ慎重《しんちょう》に土を掘《ほ》り進めながら、幼

研究の場となった多摩丘陵《たまきゅうりょう》の里山

虫が出てきたポイントを、定規を使って、腐葉土《ふようど》置き場の二次元座標上に一点ずつ記録していった。出てきた幼虫は袋《ふくろ》に回収していった。半日ほどかけて、ようやく腐葉土《ふようど》置き場の中にいたすべての幼虫を掘《ほ》り出し、それぞれの位置を記録することができた。

この場所からは結局一六三匹《びき》もの幼虫が現れた。大学にもどり、早速この一六三個の座標をパソコンに入力し、分布図を描《えが》いてみた。すると、予想したとおり、幼虫はある一定の範囲《はんい》に集中して分布していることがはっきりと分かった。統計的な解析《かいせき》の結果も、ランダム分布ではなくて集中分布をすることを示していた。さらに、後日ほかのいくつかの場所でも同様の調査をしたが、似た

採集した幼虫

ような結果が得られた。やはりわたしが最初に感じた直感は正しかったのだ。

幼虫が集中して分布していることははっきりした。わたしが本当に知りたいのは、「どのような仕組みでこのような集中分布を作るのか」、そして、「このように集まることで幼虫にとって何か良いことがあるのか」という二点だ。

まずは前者の問題について、三つのシナリオを考えてみた。一つ目に、母親が狭《せま》い範囲《はんい》にまとめて卵を産んだから、幼虫の分布が偏《かたよ》るという可能性だ。あまり面白くはないがもっともらしい仮説である。実際にカブトムシの母親は数センチおきに卵を産むため、孵化《ふか》してしばらくは集まって暮らしているはずだ。母親の効果は無視できないだろう。しかし、

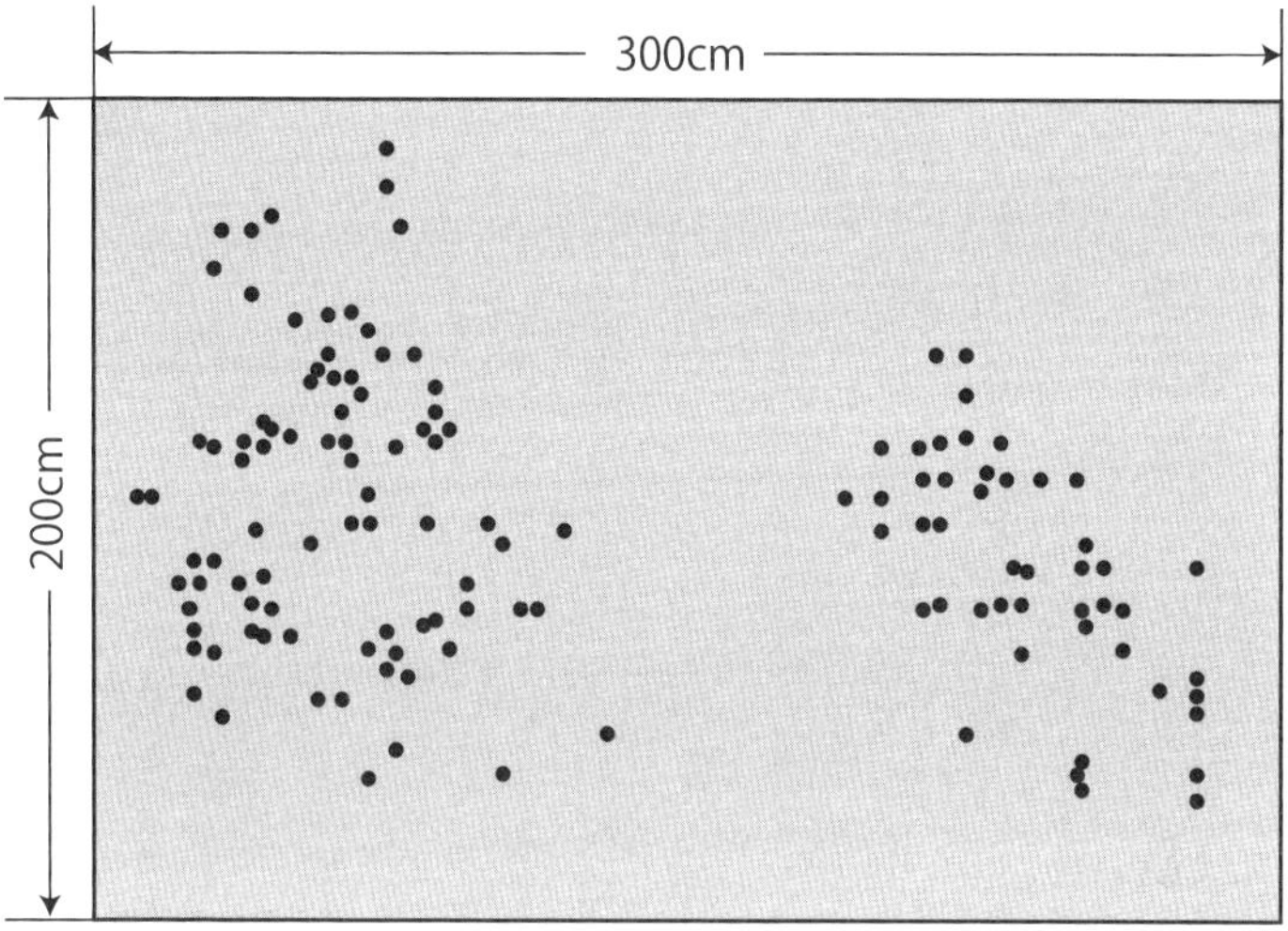

幼虫の集中分布

大きくなった幼虫は、意外にも速いスピードで土の中を移動するようになる。孵化《ふか》した後かなり時間がたっても幼虫が散り散りになることなく集中した分布が維持《いじ》され続けるのには、他にも何か特別なメカニズムが関わっている可能性が高い。

二つ目の可能性として良い餌《えさ》のまわりに集まっているということが考えられる。一つの腐葉土《ふようど》の山の中でも良い餌《えさ》がある場所は限られており、その周りに幼虫が集まっているということは十分に考えられる。

三つ目に考えられる可能性は、幼虫どうしが互《たが》いに引き寄せ合うことで集合を作るというものだ。これらの三つのシナリオのうちのいくつかで幼虫の集中分布は説明できるはずだ。

◆幼虫は互《たが》いに引き寄せあう？

まずは三つ目のシナリオ、幼虫どうしが引き寄せあうかどうかについて調べてみることにした。昆虫《こんちゅう》において、個体どうしがにおいや音、振動《しんどう》などで引き寄せあう例はよく知られている。たとえば、春になると、水辺で蚊《か》のような小さな昆虫《こんちゅう》が群れを作って飛んでいるのを、多くの人は見たことがあるだろう。これは頭虫《あたまむし》などと俗《ぞく》に呼ばれるが、正式にはユスリカと呼ばれる昆虫《こんちゅう》で、群れの中に一匹《ぴき》だけメスがおり、そのメスが放出するフェロモン（におい）に一〇〇匹《ぴき》以上ものオスが引き寄せられているのだ。また、草むらのイタドリなどに群れているハバチの幼虫は、草の茎《くき》を伝わる振動《しんどう》を出して互《たが》いにコミュニケーションをおこない、群れを作る。このようなことがカブトムシの幼虫でも見られるかもしれないと考え、確かめてみることにした。

最初に、本当に幼虫が他個体のいるほうへ向かって動くかを調べる必要があった。幼虫をどこかに固定しておき、そこへ他の幼虫が寄ってくるかを確かめればよいだろう。具体的にどのような実験系を作ればよいか考えるために百円ショップを訪れた。昆虫《こんちゅう》の行動を研究している人は、百円ショップやホームセンターへ行き、どのような装置を使って実験すればよいかイメージを膨《ふく》

らませることが多い。料理用品の棚《たな》を見ているときにふと直方体のパスタケースが目に入った。これを使えばうまく実験できるような気がした。百円なので失敗したとしても問題はない。幼虫をどうやって固定しようかと考えていると、深めの茶こしが目に留まった。茶こしはメッシュ状になっているので、幼虫どうしのやり取りも妨《さまた》げられないはずだ。またステンレス製なので食い破られることもないだろう。茶こしとパスタケースをいくつか買って、実験を始めるためにいそいそと大学にもどった。

実験室にもどると、パスタケースを腐葉土《ふようど》で満たし、腐葉土《ふようど》を入れた茶こしを両端《りょうはし》に埋《う》めこんだ。片方の茶こしに幼虫を試しに二匹《ひき》入れ、パスタケースの中央に別の幼虫を一匹《ぴき》置いた。この中央の幼虫がどちらの茶こしの方へ移動するかを確かめるのだ。幼虫は容器の底を移動する習性があるため、容器を持ち上げて下からのぞけば幼虫がいる場所がわかる。この容器を五つほどセットし、十五分おきくらいにわくわくしながら容器をそっと持ち上げて見上げてみる。

実験を始めて一時間ほどたった頃《ころ》だろうか、ほとんどのケースで、中央においた幼虫が、他の幼虫の入った茶こしの方へゆっくりと移動しているのに気付いた。期待通りの結果に胸が高鳴った。偶然《ぐうぜん》ではないだろうかと少し不安になったので、その後何回も試したが結果は同じで、約八〇%の幼虫は、しばらくすると他個体の方へと近付いていった。もしも幼虫が他の個体に引き付けられないと仮定すると、移動しなかった場合を除けば、幼虫の入った茶こしのほうへ移動する可能性は五〇%になるはずであり、八〇%という値はそれに比べても統計的に高い値であることがわかった。やはり幼虫は周りにいる幼虫に対して引き寄せられるようだ。幼虫たちはいったいどうやって暗い土の中で他の幼虫がいる場所がわかるのだろう？　何のために集まるのだろう？　他にも何か集団の中でコミュニケーションはないのだろうか？　次々と新しい疑問がわいてくる。この実験結果がはっきりした時点で、わたしはカブトムシの幼虫の集合に関する研究を本格的に進めようと思い、博士課程に進学した。

◆音かにおいか

カブトムシの幼虫は暗い土の中でどのようにしてお互《たが》いに集まるのだろうか。昆虫《こんちゅう》は多くの場合、アルコール、アルデヒド、エステルをはじめとした化学物質（におい）を分泌《ぶんぴつ》し、集合を作る。このような化学物質は一般的《いっぱんてき》に集合フェロモンと呼ばれる。カブトムシの幼虫の場合も化学物質が関わっているかもしれない。しかし、昆虫《こんちゅう》の中には音や振動《しんどう》を使って集まる種もあるので、カブトムシがそれらを使っている可能性も捨てきれない。手探りの状態で実験が始まった。

幼虫のやり取りに使われているのがにおいなのか音なのかを実験的に区別するのは意外と難しい。決め手となる実験というのは思いつかなかったが、とにかく何らかの情報を得る必要があった。当時持っていた子ども向けの図鑑《ずかん》には、幼虫が大顎《おおあご》（大顎《だいがく》とも）の裏にヤスリ状の構造を持つことが写真とともに示され、それを小顎《こあご》（小顎《しょうがく》とも）とこすりあわせることで音を出すと書かれていた。もしそうだとすれば、この音が集合に関わっているのではないかと思った。ためしに幼虫の大顎《おおあご》の裏を顕微鏡《けんびきょう》で見てみると、確かにヤスリ状の構造が見てとれた。幼虫はこのヤスリ状の構造を使って音を出しているのだろうか。

まずは図鑑《ずかん》に書いてあることが事実か確かめなくてはならない。幸いにも当時同じ研究室に所属していた中野亮《りょう》研究員（果樹研究所）や研究室の卒業生である高梨琢磨《たかなしたくま》研究員（森林総合研究所）は、国際的にも有名な昆虫《こんちゅう》の音や振動《しんどう》の研究者であった。お二人の力を借りて、幼虫の出す音を調べてみることにした。しかし二人の専門家とともに、さまざまな方法で調べ上げても、幼虫の出す音をつかまえることはできなかった。図鑑《ずかん》に書いてあるように、カブトムシの幼虫は本当に音を出しているのだろうか？

このヤスリの存在が気になったわたしは、別の実験をすることにした。ヤスリをこする器官とされていた小顎《こあご》を切ってみたのだ。この処理によって幼虫は音を出せなくなるはずだ。そして、もし幼虫の出す音が集合に関係するならば、小顎《こあご》を切られた幼虫に対して、他の幼虫は近付いて来ることができないはずだ。小顎《こあご》を切られることで幼虫が大きなダメージを受けてしまわないかが心配だったが、幼虫に麻酔をかけて切ってみたところ、あまり問題はなさそうであることがわかった。小顎《こあご》を切られた幼虫を茶こしの中に二匹《ひき》入れ、あとは先ほどと同じように、腐葉土《ふようど》で満たされたパスタケースの中央に、何も処理していない幼虫をセットした。しばらく観察していると、中央の幼虫は徐々に、小顎《こあご》を切られた幼虫の入っている茶こしのほうへ移動していった。つまり、ヤスリ状の構造で音を出していたとしても、それは他の幼虫を呼び寄せるのには関係ないということだ。

ここまでの実験で、音や振動《しんどう》が幼虫の集合に関係しているという証拠《しょうこ》は得られなかった。また、図鑑《ずかん》に書いてあるとおりヤスリ状の構造は確認できたが、そこで音を出しているという証拠《しょうこ》もつかむことはできなかった。図鑑《ずかん》に書いてあることのすべてが正しいとは限らない。しかし、音を出すためでないとすると大顎《おおあご》のヤスリには一体どのような意味があるのだろうか。この構造は他のコガネムシの幼虫にも広く見られるので、何か重要な役割を果たしている可能性があるが、まだ分かっていない。

音を使っているという予想が外れわたしはがっかりしたが、この実験をきっかけに新しい発見があった。先ほどの実験では小顎《こあご》を切られた幼虫二匹《ひき》を茶こしの中に閉じこめ、何も処理していない一匹《ぴき》の幼虫を中央に置いていた。一度、特に目的があったわけではないが、それらを入れ替えてみた。つまり、手を加えていない幼虫二匹《ひき》を茶こしに閉じこめ、中央に小顎《こあご》を切除された幼虫を置いてみたのだ。すると意外にも、幼虫の入った茶こしに近付いてくる幼虫の割合は五〇％にまで低下してしまった。小顎《こあご》を切られたダメージで活動性が鈍《にぶ》った可能性も考えられたので、

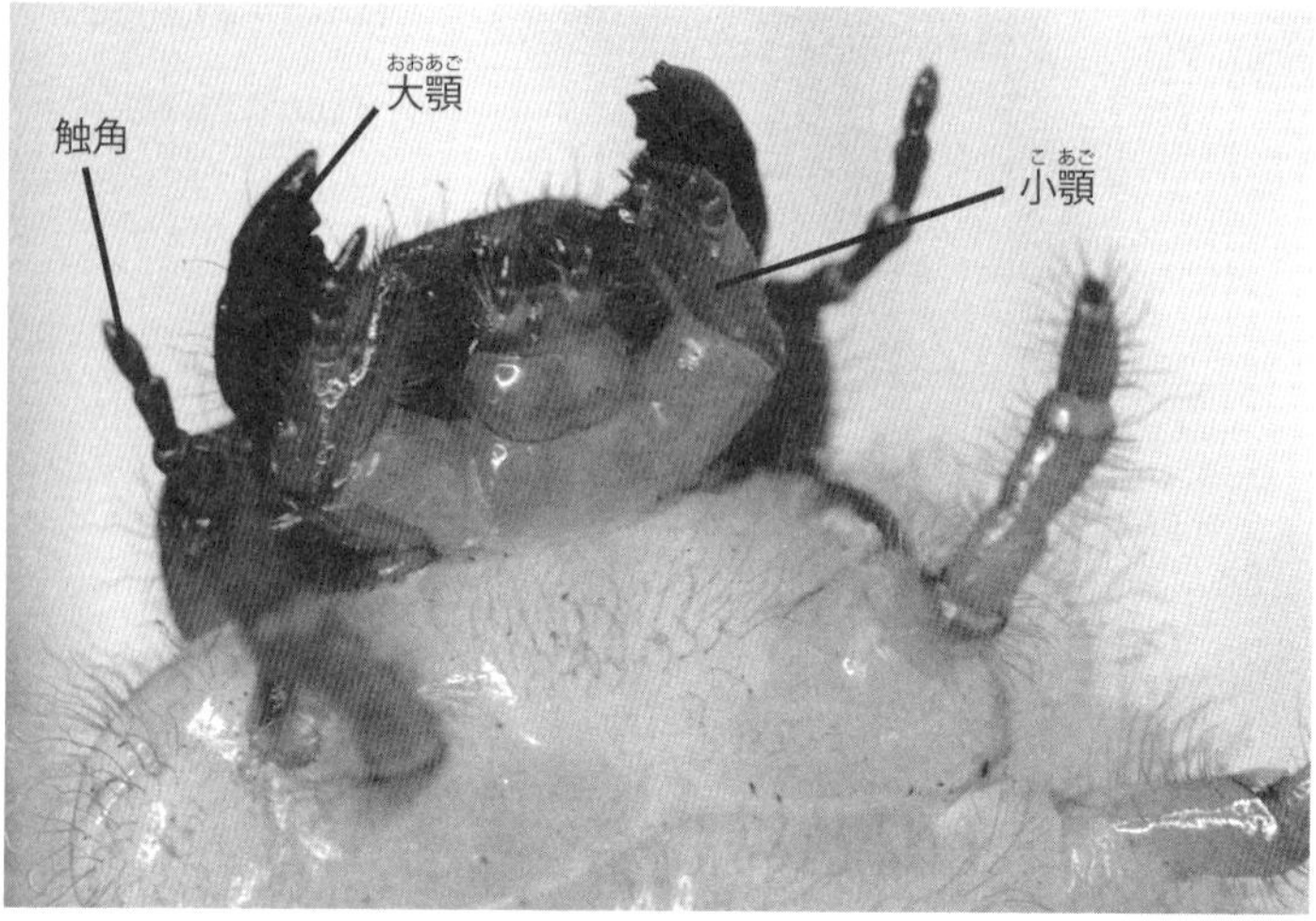

幼虫の触角、小顎《こあご》、大顎《おおあご》（実体顕微鏡写真）

小顎《こあご》の代わりに前脚《まえあし》や触角《しょっかく》を切った幼虫を使ってみたが、八〇％を超《こ》える幼虫がきちんと茶こしに入れられた幼虫に対して近づいていった。この結果が何を意味するのか最初は理解できなかったが、他の幼虫が出す手がかりを感じ取るための器官が小顎《こあご》である、と考えれば良いのではないかとしばらくして気付いた。

では、カブトムシにおいて、小顎《こあご》はどのような役割を持っているのだろうか？　過去の研究に当たってみると、カブトムシと同じコガネムシの仲間の幼虫で、小顎《こあご》の役割が調べられていた。それによると、コガネムシの幼虫は小顎《こあご》を使って、自分の餌《えさ》となる植物の根を探し当てると書かれていた。小顎《こあご》は人間で言う〈鼻〉に当たる器官のよう

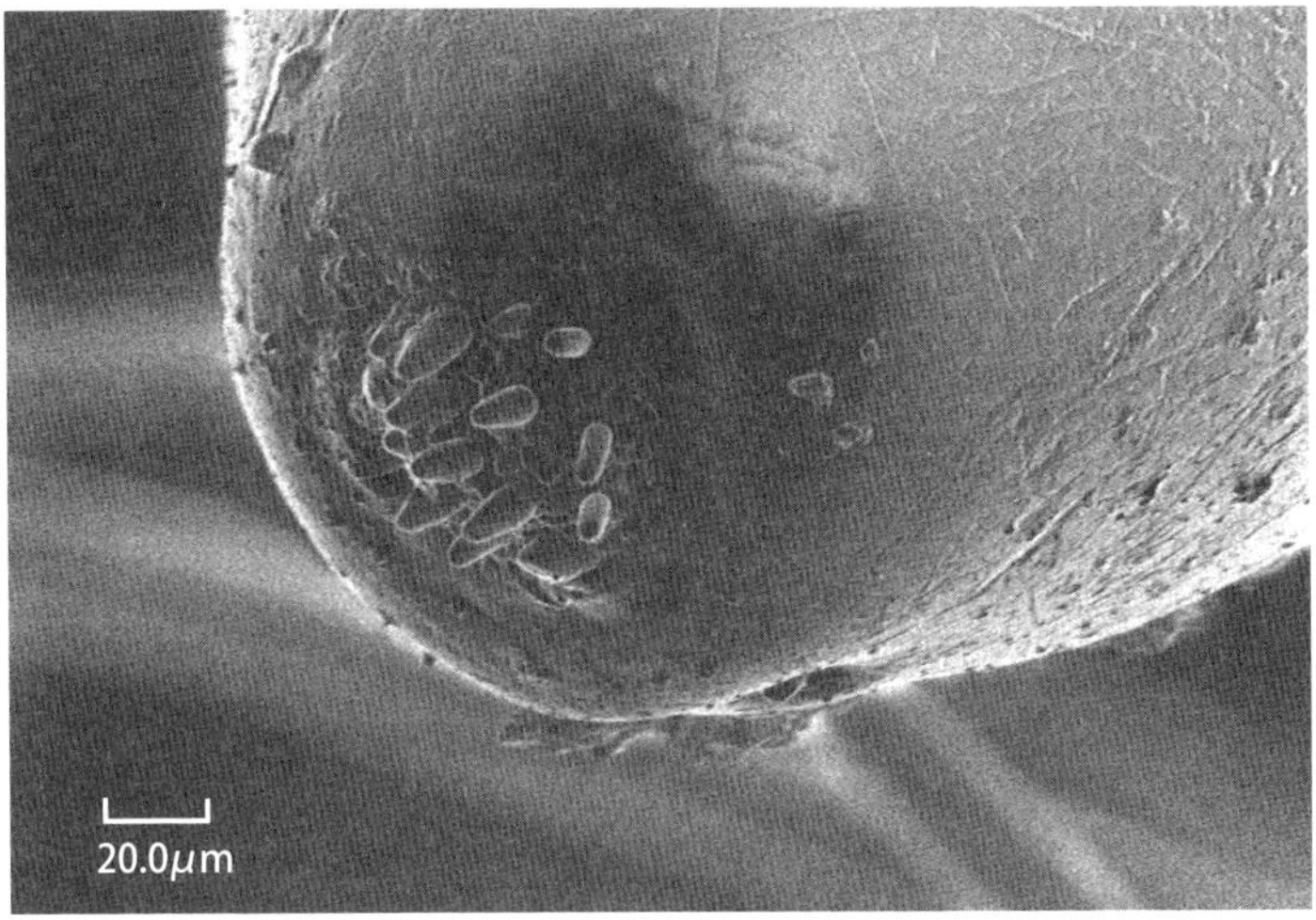

カブトムシ幼虫の小顎《こあご》、先端の化学感覚子（走査電子顕微鏡写真）

である。わたしは実際に電子顕微鏡《けんびきょう》でカブトムシの幼虫の小顎《こあご》を観察してみた。すると、先端《せんたん》にいくつもの突起状《とっきじょう》の構造が確認できた。これは化学感覚子とよばれる、においの成分を受容する器官であると考えられる。カブトムシの幼虫はにおいを手がかりに他の幼虫に近づくのではないかとこの頃《ころ》から考えるようになった。

◆においの正体を探る

においを使っているとしたらどのような成分なのだろうか。昆虫《こんちゅう》の多くの種で、フェロモンに含《ふく》まれる物質がこれまでに特定されてきた。物質を同定するためには、ガスクロマトグラフィーとよばれる化学分析機《ぶんせきき》を用いるのだが、対象となるにおい成分は気体のままでは分析《ぶんせき》できない。対象となる成分を溶媒《ようばい》と呼ばれる液体に溶《と》かし、それを分析《ぶんせき》することになる。だから、目的の成分を適当な溶媒《ようばい》にうまく溶《と》かすということが第一段階として必要である。

どのような溶媒《ようばい》を使うかは、目的とするにおい物質がどのような性質を持っているかによって違《ちが》っている。しかし多くのにおい成分は水に溶《と》けにくいため、水を溶媒《ようばい》として使うことはない。溶媒《ようばい》としてはヘキサンや塩化メチレンといった有機化合物が使われることが多く、これらは多くのにおい成分を溶《と》かすことができる。目的とするにおい成分がきちんと収集できたかは生物実験により確かめることができる。つまり、におい成分が溶《と》けているであろう溶媒《ようばい》を、ろ紙などにしみこませて昆虫《こんちゅう》に提示する。昆虫《こんちゅう》が寄ってくるなどの反応を見せれば、目的とするにおい成分がうまく溶媒《ようばい》に溶《と》けこんでいると考えてよい。

カブトムシの集合に関わるにおい成分を集めるため、まずはヘキサンに幼虫を浸《ひた》し、その抽出《ちゅうしゅつ》液《えき》を濃縮《のうしゅく》した。目的の成分がそこに含《ふく》まれているかを調べるため、濃縮液《のうしゅくえき》をろ紙にしみこませて腐葉土《ふようど》の中に埋《う》めこみ、幼虫がろ紙の近くに寄ってくるかを観察した。しかし何回実験を繰《く》り返しても、幼虫がろ紙に近付いてくる様子はまったく観察されなかった。幼虫の集合に関わる物質

がうまく抽出《ちゅうしゅつ》できていないのではないかと考え、ヘキサン以外にも水や塩化メチレンなどの様々な溶媒《ようばい》を試してみたが、実験はやはりうまくいかなかった。

目的とする物質の分子量が小さいなどの化学的な性質によって、うまく抽出《ちゅうしゅつ》できていないのだろうか。それともろ紙にしみこませて提示するという方法が良くないだろうか。いずれにせよろ紙への反応がない状態ではこれ以上先に進むことはできない。その後も抽出《ちゅうしゅつ》の仕方や提示の仕方などを様々に工夫したがどれも効果的ではなかった。カブトムシの誘《ゆう》引《いん》に関わる物質を同定するという取り組みはここで完全に頓挫《とんざ》してしまった。そこまでの結果を論文にまとめてから、わたしはこの研究から手を引くことにした。

ところで、カブトムシの幼虫の体表にはどのようなにおい成分が含《ふく》まれているのだろうか。カブトムシの幼虫のにおいをかいでみると、ほんのりと土臭《つちくさ》い、しかしどこか香《こう》ばしいにおいがすることに気付くだろう。少なくともわたしにとってはあまり不快なものではない。このにおいの正体を突《つ》き止めるため、幼虫を浸《ひた》したヘキサンを、ガスクロマトグラフィーで分析《ぶんせき》してみたことがある。すると、様々なアルデヒドやアルコールなどが検出された。興味深いものとしては、カメムシやパクチーのにおいとしておなじみのヘキサノールやヘキサナール、マツタケのにおいの主成分として知られている1－オクテン－3－オールなどが多く含《ふく》まれていることが分かった。それを知った上であらためて幼虫のにおいをかいでみると、なかなか味わい深いものに感じられるのではないだろうか。

◆呼気に集まる幼虫たち

ろ紙への誘引《ゆういん》実験の失敗から約三年後、物質の同定をすっかりあきらめていた頃《ころ》に転機が訪れた。その当時、わたしは博士課程を卒業し、カブトムシの幼虫の成長についての研究をするため、千匹《びき》近い幼虫を個別に飼育していた。ある日、幼虫の世話をしながら、昔の実験の苦労を思

い出しているうちに、もしかすると誘引《ゆういん》のもとはにおいではなく、二酸化炭素だったのではないか、とふと思った。そうであれば今この場で確かめることができる。なぜなら人の息には多量の二酸化炭素が含《ふく》まれているからだ。飼育室の机の上に紙切れがあったので、それを丸めてストローのようなものを即席《そくせき》で作った。飼育ケースに腐葉土《ふようど》と幼虫を入れ、丸めた紙の先端《せんたん》を腐葉土《ふようど》に差しこみ、息を吹《ふ》きこんでみた。すると、みるみるうちに幼虫がもぞもぞと動き、紙の先端《せんたん》に寄ってきたのだ。すぐには信じられなかったので、何度も何度も繰《く》り返したが、ほぼ一〇〇%の割合で幼虫が寄ってきた。この実験によって、幼虫の集合に関わっていたのは二酸化炭素だという可能性が急に

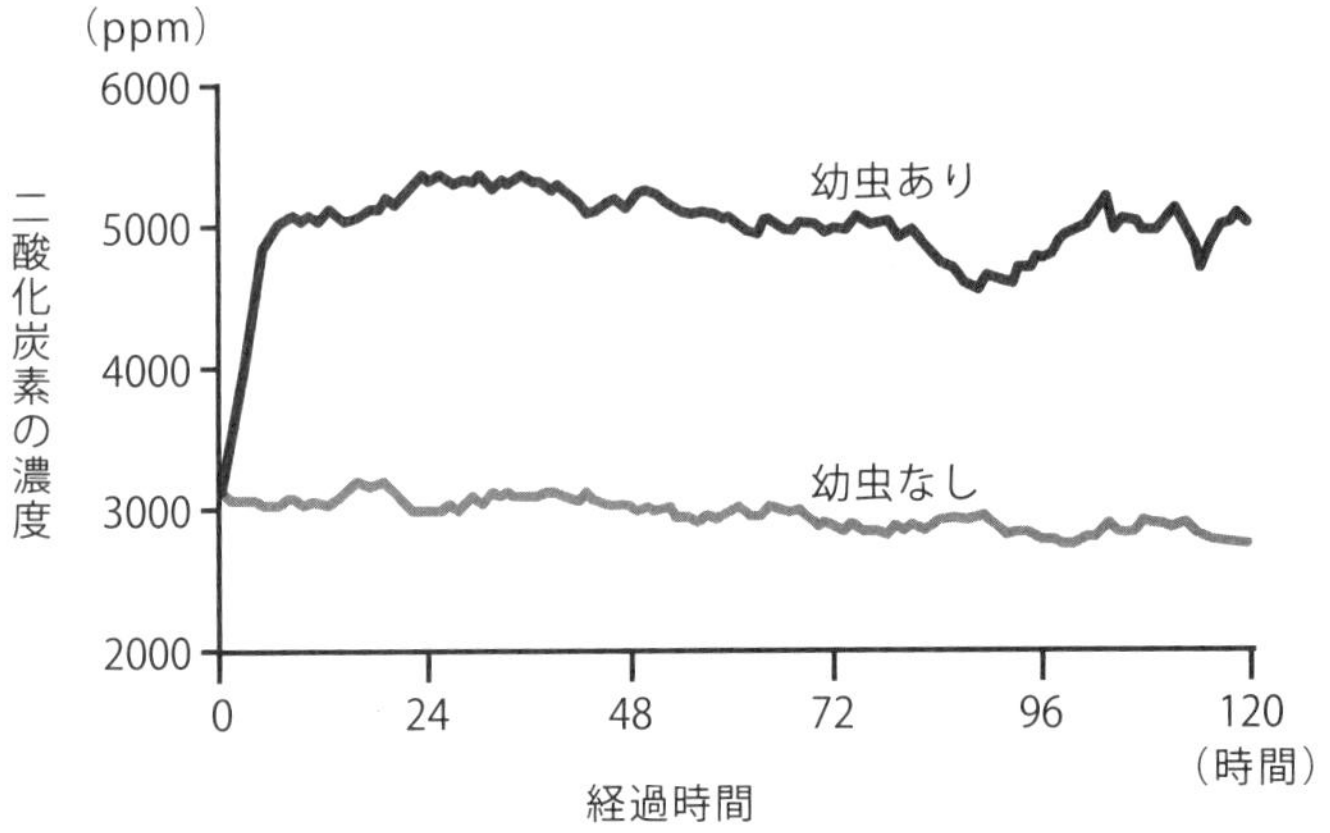

二酸化炭素濃度の変化

浮上《ふじょう》した。

もちろん人の呼気の中には二酸化炭素以外の物質もたくさん含《ふく》まれているので、二酸化炭素だけを与《あた》えて誘引《ゆういん》実験をする必要があった。また人の呼気では、どのくらいの量の二酸化炭素を送りこむかを調節することができない。気体を一定量与《あた》え続けるために、シリンジポンプという機器を使った。シリンジポンプというのは、病院で点滴《てんてき》をするときにも使われる機器である。ボンベに入った二酸化炭素を、シリンジポンプにつないだガラス管を通して、少しずつ腐葉土《ふようど》の中に送りこんだ。その結果、呼気を吹《ふ》きこんだときと同じように、幼虫たちはすぐにガラス管の先端《せんたん》を目指して集まってきた。多量の二酸化炭素を与《あた》えた場合はもちろんのこと、一時間に一・

二ミリリットルというごく少量を与《あた》えた場合でも、一五センチの距離《きょり》から幼虫は引き寄せられた。これらの一連の実験によって、幼虫は二酸化炭素に鋭敏《えいびん》に反応することがはっきりと確かめられた。そして今まで見てきた現象がすべて一つにつながった気がした。たとえば、二酸化炭素は分子量が小さく、ヘキサンのような溶媒《ようばい》で抽出《ちゅうしゅつ》することは不可能である。すぐに揮発してしまうので、ろ紙につけて提示しても意味がない。抽出物《ちゅうしゅつぶつ》による誘引《ゆういん》実験がことごとくうまくいかなかったのは当然なのだ。また、幼虫も呼吸で二酸化炭素を出すはずなので、幼虫どうしが呼吸を介《かい》して引き寄せあうことが予想される。

◆二酸化炭素の発生源

土の中で二酸化炭素を発するのは幼虫だけではない。腐葉土《ふようど》そのものが二酸化炭素の最大の発生源である。腐葉土《ふようど》には大量の微生物《びせいぶつ》が住み着いており、腐葉土《ふようど》を分解しながら呼吸をしている。一匹《ぴき》ずつの呼吸量は微々たるものでも、何億という数の微生物《びせいぶつ》が排出《はいしゅつ》する二酸化炭素の量は相当なものになるはずだ。幼虫どうしの関係だけでなく、腐葉土《ふようど》から発生する二酸化炭素も幼虫の分布に重要な影響《えいきょう》を与《あた》える可能性があるだろう。そもそも二酸化炭素に対する反応は、餌《えさ》である腐葉土《ふようど》を探すために幼虫が獲得《かくとく》した性質であることも考えられる。まずは腐葉土《ふようど》の排出《はいしゅつ》する二酸化炭素が幼虫の行動に与《あた》える影響《えいきょう》について調べてみることにした。

土の中で生活する幼虫はにおいを手がかりに自分たちに適した餌《えさ》を探す可能性が高い。幼虫にとって適した餌《えさ》とは、微生物《びせいぶつ》が多く繁殖《はんしょく》し、よく発酵《はっこう》した腐葉土《ふようど》であると考えられる。なぜなら微生物《びせいぶつ》は幼虫の餌《えさ》として重要なタンパク源であるからだ。そして発酵《はっこう》の進んだ腐葉土《ふようど》ほど、微生《びせい》物《ぶつ》が活発に呼吸しているので、多くの二酸化炭素を排出《はいしゅつ》することが予想される。これらのことを確かめるため、あまり発酵《はっこう》の進んでいない腐葉土《ふようど》と発酵《はっこう》のよく進んだ腐葉土《ふようど》の二つを用意し、実験してみた。

まずは二種類の腐葉土《ふようど》のうちどちらに幼虫が引き付けられるかを調べてみた。先ほども使った直方体の容器のそれぞれの端《はし》に二種類の腐葉土《ふようど》を置いた。それ以外の部分は黒土で満たした。黒土はほとんど二酸化炭素を発生しないため、実験には影響《えいきょう》を及《およ》ぼさないと考えられる。観察していると、容器の中央に置いた幼虫はいつも発酵《はっこう》した腐葉土《ふようど》のほうへと誘引《ゆういん》された。次に、二酸化炭素の濃度《のうど》を計測できる機器を買い、それぞれの腐葉土《ふようど》が排出《はいしゅつ》する二酸化炭素の量を比べてみた。すると、発酵《はっこう》した腐葉土《ふようど》は、そうでないものに比べ、四・五倍ほどの二酸化炭素を排出《はいしゅつ》することが分かった。次に、発酵《はっこう》の進んだ餌《えさ》が幼虫にとって本当に適したものなのかを確かめるために、それぞれの腐葉土《ふようど》で二齢《にれい》幼虫を飼育し、五日後の体重を測定してみた。その結果、発酵《はっこう》の進んだ腐葉土《ふようど》で飼育したものは、そうでないものに比べ、体重が大きく増加していた。これらの結果から、幼虫は、自分たちにとって良い餌《えさ》である発酵《はっこう》の進んだ腐葉土《ふようど》を、二酸化炭素を手がかりとして探している可能性が高いといえる。自然界においても、日当たりや湿度《しつど》などのわずかな環境《かんきょう》条件の違《ちが》いによって、餌場《えさば》の中のある特定の範囲《はんい》で腐葉土《ふようど》の発酵《はっこう》が進むことは十分に考えられる。二酸化炭素に引き寄せられた幼虫たちは発酵《はっこう》した腐葉土《ふようど》のまわりに集まり、その結果、緩《ゆる》やかな集中分布が作られるのだろう。

いよいよ、当初からの疑問であった、幼虫が呼吸で排出《はいしゅつ》する二酸化炭素が幼虫の分布にどのように影響《えいきょう》するかを調べてみた。幼虫は一時間に一〇ミリリットルの二酸化炭素を排出《はいしゅつ》していた。体が大きいので当然だが、他の昆虫《こんちゅう》よりもはるかに大きい値であり、数十センチ離《はな》れたところにいる幼虫が反応するには十分な量である。また、単位重量あたりに換算《かんさん》しても幼虫の呼吸量は腐《ふ》葉土《ようど》よりもずっと大きいことがわかった。最初の実験として、腐葉土《ふようど》だけ入れた容器と、腐葉土《ふようど》とともに幼虫を入れた容器を用意し、それぞれの腐葉土《ふようど》中の二酸化炭素の濃度《のうど》がどのように変化

するかを五日間調べてみた。腐葉土《ふようど》だけ入れた容器では、最初三〇〇〇ＰＰＭほどであった二酸化炭素の濃度《のうど》は徐々《じょじょ》に低下していった。一方、幼虫を入れた容器では、一時間もたたないうちに腐葉土《ふようど》中の二酸化炭素濃度《のうど》は五〇〇〇ＰＰＭほどに達した。幼虫が存在する腐葉土《ふようど》で二酸化炭素濃度《のうど》が上がることはまちがいなさそうだ。

　幼虫の存在によって二酸化炭素の濃度《のうど》がどのように変化するかをもう少し詳《くわ》しく調べるために、別の実験をしてみることにした。44×66×高さ40センチの大きな衣装ケースに腐葉土《ふようど》を深さ30センチになるように均等に入れ、幼虫を二十四匹《ひき》放した。容器内の幼虫の密度は、自然状態で観察されるものと同様になるようにした。やがて幼虫たちは容器の中で集中分布を作るはずだ。五日後に容器を22×22センチの六つの区画に分け、それぞれの区画の中心部において、地中の二酸化炭素の濃度《のうど》を測定した。すると、幼虫を入れる前にはほぼ均等であった二酸化炭素の濃度《のうど》に、区画の間で大きな違《ちが》いが生じていることが分かった。

すぐにそれぞれの区画を順に手で掘《ほ》り進め、区画内にいる幼虫を数えた。すると、二酸化炭素の濃度《のうど》が高かった区画からは多くの幼虫が見つかった。さらに、それぞれの区画の底のほうから腐葉土《ふようど》だけを少しずつ採取し、腐葉土《ふようど》そのものの呼吸量を調べたところ、幼虫が多く見つかった区画の腐葉土《ふようど》は多くの二酸化炭素を排出《はいしゅつ》していることが分かった。つまり、幼虫がいると自身の呼吸だけではなく、まわりの腐葉土《ふようど》に住んでいる微生物《びせいぶつ》の呼吸量も何らかの仕組みで上昇するようだ。ヤスデやミミズなどが腐葉土《ふようど》を食べたり攪拌《かくはん》したり、あるいは排泄《はいせつ》することによって、まわりの微生物《びせいぶつ》たちが活性化することが過去に分かっている。カブトムシの幼虫の場合でもそのような作用があるのかもしれない。

以上から推測される、カブトムシの幼虫が集中した分布を作るメカニズムは以下のようなものである。まずは発酵《はっこう》の進んだ腐葉土《ふようど》の近くに幼虫たちが集まり、緩《ゆる》やかな群れを作る。幼虫が餌《えさ》を食べて排泄《はいせつ》したり呼吸をすることで、周辺の二酸化炭素濃度《のうど》はさらに高まる。その結果、幼虫はますますお互《たが》いに近くに集まってくるのではないだろうか。

◆集まることで幼虫は得をするか

カブトムシの幼虫は集まることで何か利益を得ているのだろうか。いくつかの昆虫《こんちゅう》では、同種が集まることで、餌《えさ》を食べやすくなったり、保温、保湿などのプラスの効果があることが知られている。カブトムシでもそのようなことがあるかしれない。もう一つ別の可能性として、幼虫が、良い餌《えさ》があると思って二酸化炭素に引き寄せられる結果、幼虫たちの意図とは関係なく集合が作られてしまうということが考えられる。この場合、幼虫は集合することで何も利益を受けないか、あるいは、できることなら集まらないほうが良いということもありうる。

幼虫が集まることで得をしているのか、それとも損をしているのかどうかを飼育実験で調べてみた。腐葉土《ふようど》の入った容器に幼虫を一匹《ぴき》だけ入れたとき、三匹《びき》入れたとき、九匹《ひき》入れたときで、五日間での幼虫の体重の増加率を比べた。すると、大まかな傾向《けいこう》として、単独条件のときに最も成長率がよく、密度が増えるにつれ、成長が悪くなることが分かった。この原因としては、餌《えさ》が不足することやストレスなどが考えられるだろう。幼虫は集まることで得をするのではなく、むしろ損をするということがこの実験によって明らかとなった。

幼虫にとって二酸化炭素へ反応するという性質自体は、良い餌《えさ》を見つける上で必要不可欠な性質である。しかし幼虫は、二酸化炭素の発生源が腐葉土《ふようど》なのかそれとも自分たちの仲間なのかを区別することはできない。もし自分たちの仲間のほうへ近付いてしまうと、幼虫にとってはあまり好ましくない結果となってしまうのである。

【コラム】カブトムシの飼育における事故

カブトムシは飼育の簡単な虫であり、メスは必ずたくさんの卵を産んでくれるし、孵化《ふか》した幼虫は八〇%くらいの割合で成虫まで成長する。しかし、実際に飼育してみると意外な落とし穴もある。最もよく起こる事故が、成虫の脱走《だっそう》である。とくにメスは力が強く、飼育容器がきちんと閉まっていないと簡単に脱走《だっそう》する。脱走《だっそう》した個体が生きて見つかることはほとんどない。薄《うす》いプラスチックの容器で飼育していると、幼虫も容器に穴を開けて逃《に》げることがある。

また、密閉容器で幼虫を飼育しているときにわたしがしばしば経験したのは、幼虫の窒息《ちっそく》である。わたしはプリンカップで幼虫を個別飼育しているが、密閉性が高いため、腐葉土《ふようど》と幼虫の呼吸によって、あっという間に容器内に二酸化炭素が充満《じゅうまん》してしまうようである。小さな穴をひとつでも空ければ窒息《ちっそく》することはないが、これを忘れると数時間のうちに幼虫はぐったりとしてしまう。急いで救出すれば症状《しょうじょう》は回復するが、長時間気付かずに放置すると多くの場合幼虫は死んでしまう。

第三章

土の中のコミュニケーション

◆隣《とな》り合う蛹室《ようしつ》

博士課程の頃《ころ》、幼虫の集合について調べるため、たくさんの幼虫をまとめて飼育していたことがある。幼虫はやがて、腐葉土《ふようど》の中に蛹室《ようしつ》とよばれる美しい卵形をした部屋を作り、その中で蛹《さなぎ》になるのだが、彼《かれ》らを観察しているといくつかの不思議な現象に気付いた。まずは蛹室《ようしつ》を作る場所についてである。蛹室《ようしつ》が一つ作られると、その蛹室《ようしつ》の壁《かべ》から五センチほど隣《とな》り合うようにして別の蛹室《ようしつ》が作られ、それが連鎖《れんさ》してゆき、蛹室《ようしつ》がまるでマンションのように作られてゆくのだ。また、おもしろいことに、一つの容器にいる幼虫たちはいっせいに蛹《さなぎ》になっているようなのだ。

これらの現象を詳《くわ》しく調べるために、いくつかの実験をおこなうことにした。

蛹室《ようしつ》どうしが隣接《りんせつ》して作られるのは、狭《せま》い飼育容器で飼育していることが原因かもしれない。同じようなことが野外でも起こっているかを調べる必要がある。六月頃《ごろ》に、わたしのフィールドである多摩丘陵《たまきゅうりょう》で、腐葉土《ふようど》を掘《ほ》って蛹室《ようしつ》の分布を調べてみた。すると、蛹室《ようしつ》はごく狭《せま》い範囲《はんい》に集まっていることが分かった。たとえ幼虫の餌場《えさば》が数十平方メートルにわたって広がっていても、そのうち一メートル四方にも満たないほどの狭《せま》い範囲《はんい》に蛹室《ようしつ》が集中していることもあった。室

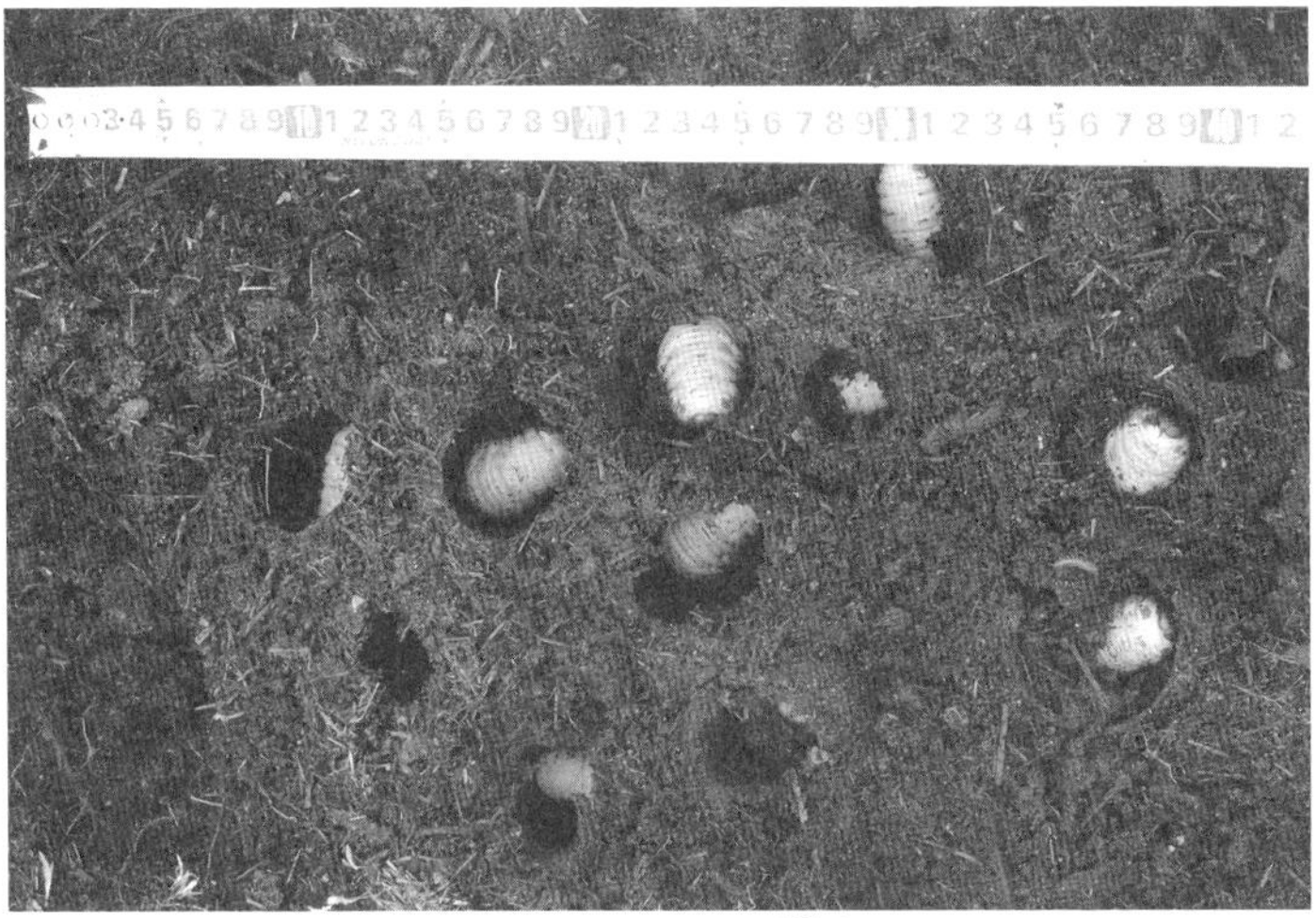

野外で集中分布する蛹室《ようしつ》

内で観察できたのと同じことが野外でも確認できた。

幼虫が集まるのだから蛹室《ようしつ》が集中して作られるのは一見当たり前のように思える。確かに幼虫が集まって生活しているということが、蛹室《ようしつ》の集中分布を生み出す根本的な要因の一つであることはまちがいない。しかし、蛹室《ようしつ》の分布パターンは幼虫のものよりもずっと強い集中分布を示していた。蛹室《ようしつ》の集中分布には他にも何か関わっている要因があるのではないかと思った。わたしが注目したのは蛹室《ようしつ》の成分である。蛹室《ようしつ》は、幼虫が出すやわらかい糞《ふん》と腐葉土《ふようど》を混ぜたもので作られる。この蛹室《ようしつ》の材料に、蛹室《ようしつ》を作ろうとしている幼虫を引き付ける成分が含《ふく》まれているのではないかと

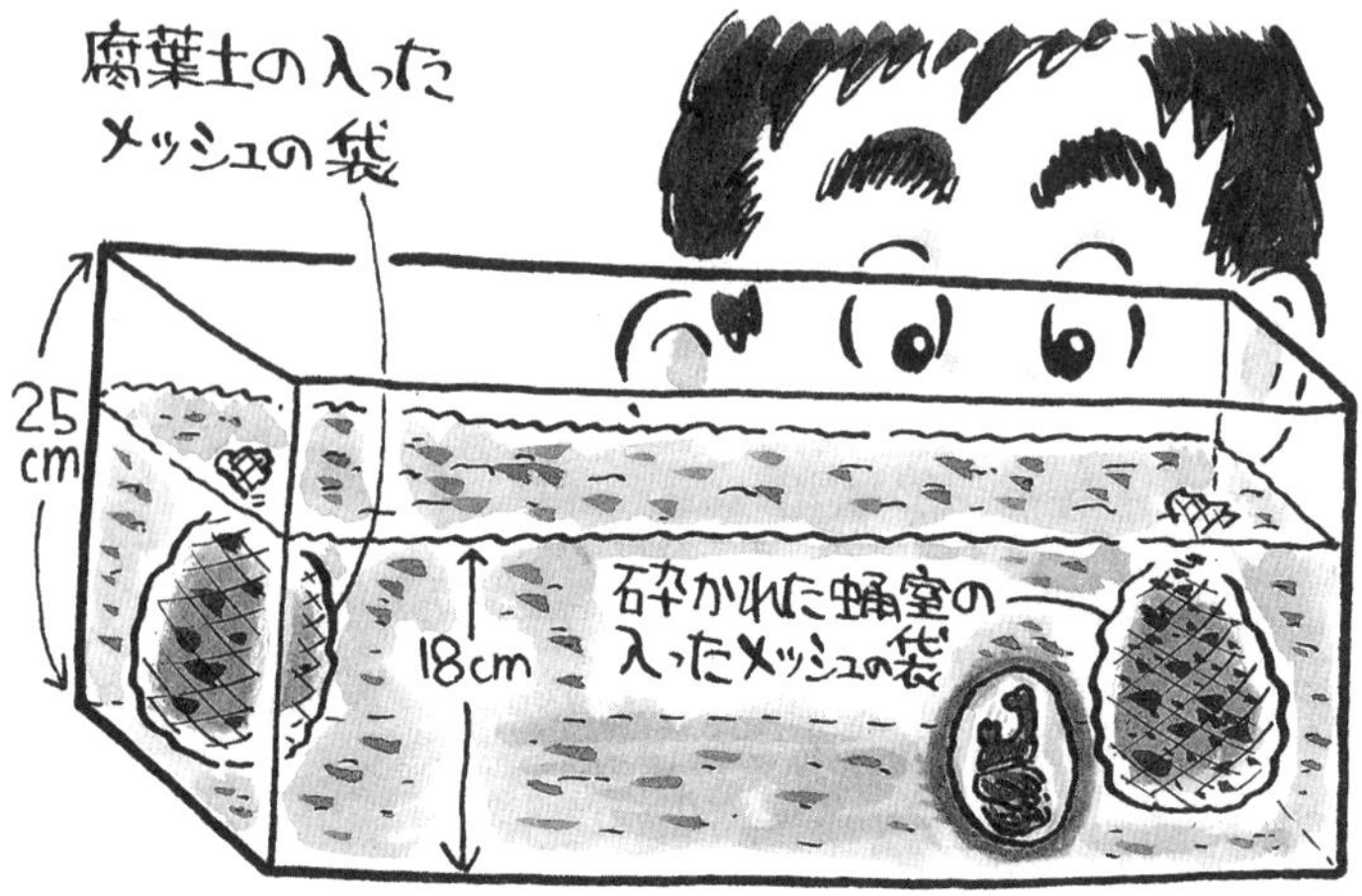

予想した。

蛹室《ようしつ》を砕《くだ》いたものをメッシュの袋《ふくろ》に入れ、腐葉土《ふようど》の入った飼育容器に埋《う》めこんだ。そして成熟した幼虫を一匹《ぴき》放し、それが容器のどこに蛹室《ようしつ》を作るかを調べてみた。結果は非常に明快だった。放たれた幼虫は蛹室《ようしつ》の入ったメッシュの袋のすぐ近くに自分の蛹室《ようしつ》を作った。幼虫は先にできた蛹室《ようしつ》に含《ふく》まれる何らかの物質に反応し、その近くで蛹室《ようしつ》を作ろうとする性質があるようだ。

では何のために集まって蛹《さなぎ》になるのだろうか。集まることで病原菌《びょうげんきん》や天敵から身を守ることができるかもしれないが、まだよく分かっておらず、今後調べるべき課題の一つである。

◆幼虫はいっせいに蛹《さなぎ》になる

幼虫を飼育していると、一匹《ぴき》が前蛹《ぜんよう》になった直後に他の個体も立て続けに前蛹《ぜんよう》になるように見えた。インターネットで調べてみると、驚《おどろ》いたことに、カブトムシを飼育する愛好家たちにとって、これは常識であることがわかった。高価なカブトムシを飼育している人たちは、オスとメスがまったく別のタイミングで羽化してしまうと彼《かれ》らを交配させることができなくなる。カブトムシの仲間は成虫の寿命《じゅみょう》が一般的《いっぱんてき》にそれほど長くないからだ。それを防ぐために、愛好家たちはオスとメスの幼虫を同じ容器で飼育するという。そうするとオスとメスがかなり近いタイミングで羽化してくれるのだ。

カブトムシの場合、研究者はほとんどいないけれど飼育愛好家はたくさんいる。彼《かれ》らの多くはライフワークとして何十年にも渡《わた》っていろいろな種類のカブトムシを飼育し、ていねいな観察をおこなっているため、研究者よりも先に面白い現象に気付いているということがある。彼《かれ》らの間で常識となっている現象のすべてが正しいかどうかはわからないが、科学的に検証してみる価値があるものが他にもあるかもしれない。とにかく、やはり飼育下で幼虫が同調して蛹《さなぎ》になるのはまちがいなさそうだ。

野外においても室内で飼ったときと同じように、幼虫が蛹《さなぎ》になるタイミングはぴったりとそろうのだろうか。カブトムシは土の中で蛹《さなぎ》になるので、野外において蛹《さなぎ》（あるいは前蛹《ぜんよう》）になったタイミングを直接知ることは不可能に近い。しかし、カブトムシでは、二五℃での飼育下の場合、前蛹《ぜんよう》の期間は九日、蛹《さなぎ》の期間は二十六日であると決まっている。野外から前蛹《ぜんよう》や蛹《さなぎ》を掘り出して室内で飼育、蛹《さなぎ》や成虫になった日付を記録し、それぞれから九か三十五を引けば、その個体が前蛹《ぜんよう》になった日付を高い精度で特定できるのだ。

野外からの採集は、生息地内のすべての個体が前蛹《ぜんよう》または蛹《さなぎ》になっている状態でおこなうのが理想である。幼虫を掘り出してしまっては調査の意味がないし、また、成虫になってしまえば、その個体がいつ蛹《さなぎ》になったかを特定することができない。この野外調査はタイミングが重要なのだ。日当たりなどによっても幼虫の発育状況は変わるため、それぞれの生息場所の環境《かんきょう》条件を見極めた上で調査日を決める必要がある。この調査のため、冬の間に幼虫の生息場所である腐葉土《ふようど》置き場などを探して里山を歩き回り、候補となるいくつかの場所を選んでおいた。

そして二〇一四年の初夏、調査を決行した。腐葉土《ふようど》をすみからすみまで掘《ほ》り、出てきた蛹《さなぎ》をて

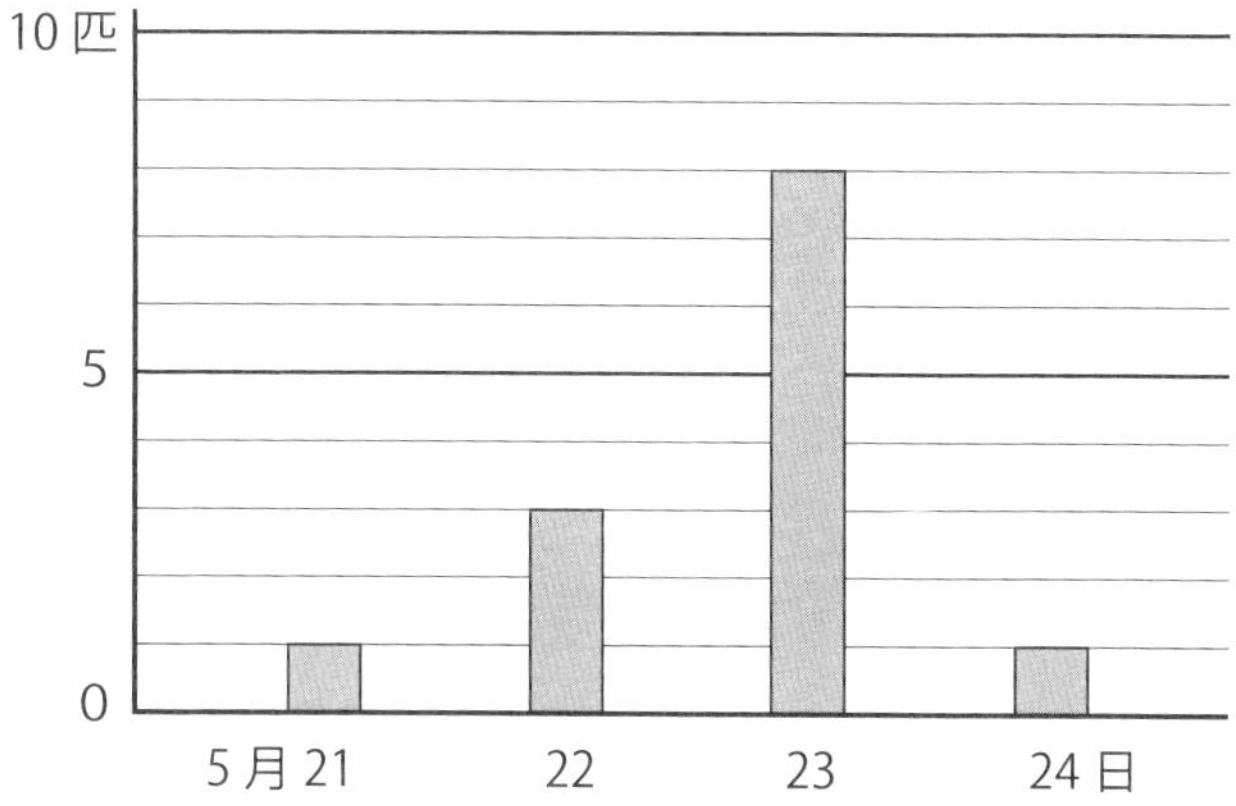

幼虫は同調して前蛹《ぜんよう》になる。ある生息場所では、そこに生息する13匹すべての個体が4日のあいだに前蛹になったと推定された。

いねいに一匹《ぴき》ずつティッシュペーパーに包み、持ち帰った。調査するタイミングも良かったようで、四つの生息場所において九五％以上の個体が前蛹《ぜんよう》または蛹《さなぎ》となっており、一番大きな生息地では七〇匹《ぴき》以上の前蛹《ぜんよう》または蛹《さなぎ》を得ることができた。それらを持ち帰り、人工的に作った蛹室《ようしつ》の中に一つずつ入れ、二五℃に保った実験室で保管した。それらを毎日観察し、蛹《さなぎ》化または羽化する日を調べた。そこから逆算して前蛹《ぜんよう》になった日を推定したところ、生息場所の中において、そこに住んでいる幼虫のほとんどが、一週間以内という短い間に同調して前蛹《ぜんよう》になっていたことが分かった。

　同じ場所にいる幼虫は一匹《ぴき》の母親から同じ日に産まれたものかもしれない。彼らが同じ場所で育てばほとんど同じ日に蛹《さなぎ》になるのは不思議ではないと考える人もいるだろう。しかしわたしはそう思わなかった。なぜなら、同じ日に孵化《ふか》した幼虫たちを一匹《ぴき》ずつ容器に入れて実験室で飼っていると、彼らがまったく異なるタイミングで蛹《さなぎ》になることがあったからだ。考えてみれば、彼らの幼虫期間は八か月近くに及ぶ。彼らにも多少の個性があるだろうから、同じ環境《かんきょう》で育ったとしても、それぞれの個体の成長期間や成長速度がぴったりとそろうということは考えにくいのだ。同じ生息場所に住む個体どうしが蛹《さなぎ》になるタイミングを同調させるような、なにか特別な仕組みがあるに違《ちが》いないと感じた。この答えにたどり着くためには、現象をそのまま観察しているだけでは不十分で、なにか操作を加えた実験をする必要があるだろう。

わたしは、幼虫どうしがやり取りをして蛹《さなぎ》になるタイミングを決めているのではないかと予想していた。このことを実験で確かめることにした。春先に一つの生息場所からたくさんの幼虫を採集し、二匹《ひき》を同じ容器に入れて飼育し、毎日容器を観察して、それぞれの幼虫が蛹《さなぎ》になった日を記録した。その結果、同じ容器に入った二匹《ひき》の幼虫はほぼ同じ日に蛹《さなぎ》になるか、長くともせいぜい三日くらいしかずれないことが分かった。一方、異なる二つの容器からランダムに幼虫を一匹《ぴき》ずつ選び、その二匹《ひき》が蛹《さなぎ》になった日の差を計算すると、平均約八日であった。このことから、

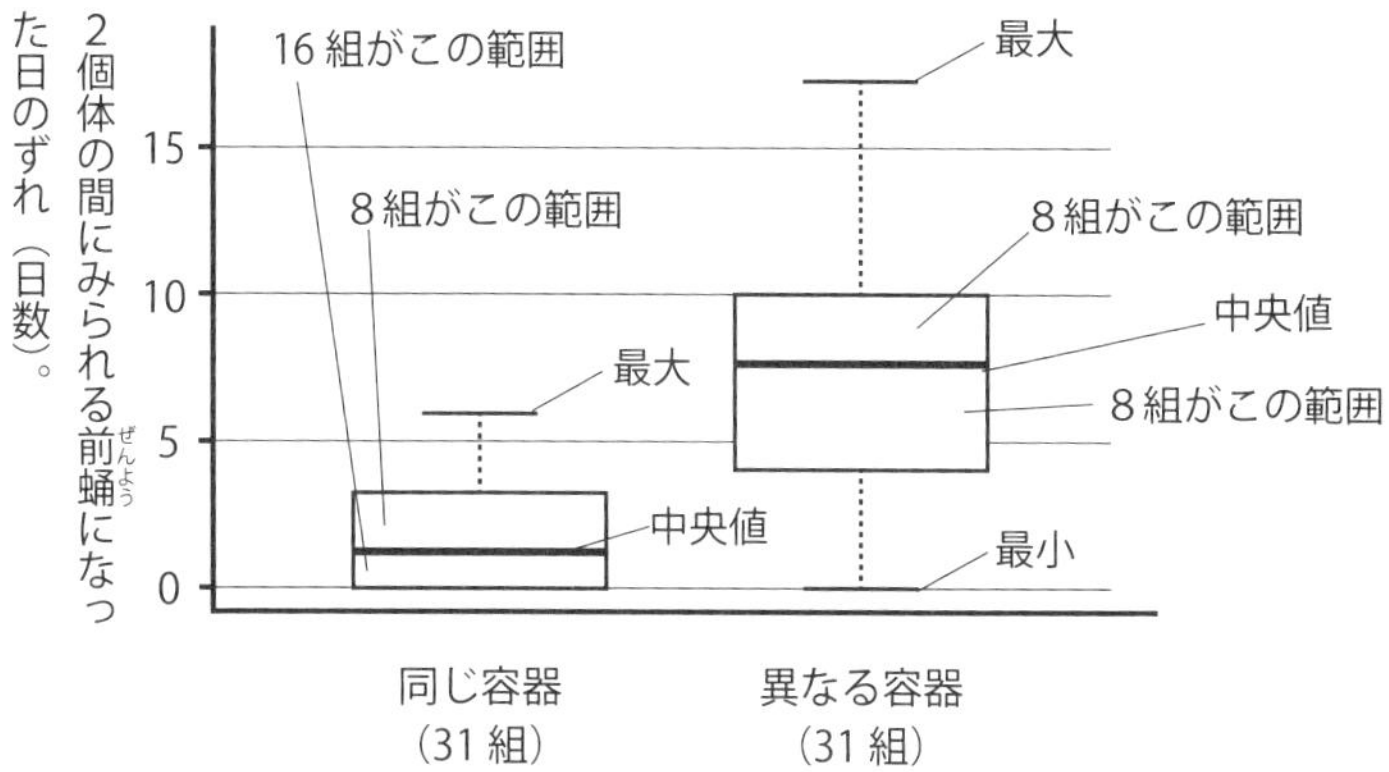

２個体間での前蛹《ぜんよう》になる日のずれを「箱ひげ図」であらわした。
同じ容器に入った２個体の幼虫の間に見られる前蛹になった日のずれは、異なる容器からランダムに選んだ２個体のものにくらべて短い。

同じ場所から取ってきた幼虫でも、互《たが》いの接触《せっしょく》がなければ蛹《さなぎ》になるタイミングはある程度ずれること、そして接触《せっしょく》のある幼虫どうしは何らかのやり取りをして、蛹《さなぎ》になるタイミングを合わせていることが分かった。

幼虫たちはどのようにして蛹《さなぎ》になるタイミングを合わせるのだろうか。発育状態の違《ちが》う二匹《ひき》の幼虫どうしがやり取りをして同じタイミングで蛹《さなぎ》になることを想像してみてほしい。三つのプロセスが考えられるだろう。一つ目は、発育の早い幼虫が、自分より発育の遅《おそ》い個体がいるときに蛹《さなぎ》になるタイミングを遅《おく》らせるというものである。二つ目は、一つ目とは反対に、発育の遅《おそ》い個体が、自分より発育の早い個体につられて、本来のスケジュールよりも早く蛹《さなぎ》になるというものだ。そして三つ目は、一つ目と二つ目が同時に起こる、つまり双方《そうほう》が歩み寄るというものだ。三つのいずれかの仕組みで同調は起こるはずである。

これを調べるため、発育状態の違《ちが》う二つのグループを作った。都合が良いことに、カブトムシの幼虫は冷蔵庫で冷やすことで発育を止めておくことができる。カブトムシの幼虫を冬の間に野外から採ってきて、それらをランダムに二つのグループにわけた。片方のグループをある日いっせいに冷蔵庫から取り出し、その十八日後にもう一つのグループを冷蔵庫から取り出した。つまり早く冷蔵庫から取り出したほうのグループは、もう片方に比べて十八日分発育が進んでいるはずである。そして、成長の早いグループ、成長の遅《おそ》いグループをそれぞれ個別に飼育したもの、成長の早いグループと成長の遅《おそ》いグループを一匹《ぴき》ずつ混ぜて飼育したものを作り、それぞれの幼虫が蛹《さなぎ》になるタイミングを調べた。幼虫の頭に油性ペンで、グループごとに異なるマークをつけておき、あとで脱皮殻《だっぴから》を調べることで、それぞれの幼虫が蛹《さなぎ》になった日付を知ることができた。

この実験の結果、発育の異なる二匹《ひき》を一つの容器で育てた場合、発育が早いほうの幼虫は、単独で育てられたときよりも遅《おそ》く蛹《さなぎ》になっていた。同時に、発育の遅《おそ》いほうの幼虫は、単独の個体よりも、成長が早い個体といっしょに育てられた場合に、より早く蛹《さなぎ》になっていた。つまり、上に挙げたうちの三つめのプロセス（たがいに歩み寄る）が起こっていることが証明された。

このような両者の巧《たく》みなタイミング調節によって、最初は二個体の間に十八日分の発育の差があったにもかかわらず、蛹《さなぎ》になるタイミングはわずか〇～三日程度のずれにおさまっていた。さらにこのようなタイミング調節によって、幼虫の体重は単独で蛹《さなぎ》になったときよりも軽くなってしまうことも分かった。つまり自分の生理的に最適な日にちではない日に無理をして蛹《さなぎ》になっているのである。コストを払《はら》ってまで蛹《さなぎ》になるタイミングをまわりの個体と合わせるのはなぜだろうか。この問題はまだ解決していないが、集まって蛹《さなぎ》になろうとする習性と関係しているに違《ちが》いない。また、近くにいる幼虫が自分よりも成長が遅《おそ》いのか早いのかをどうやって知るのかなど、この現象にはまだまだ解明すべきなぞがたくさんある。

◆壊《こわ》されることのない蛹室《ようしつ》

ここまで紹介《しょうかい》したとおり、幼虫は先にできた蛹室《ようしつ》の近くにやってきて、そこで自らも蛹室《ようしつ》を作る。このとき、やってきた幼虫は先にできた蛹室《ようしつ》と必ず一定の距離《きょり》を保っており、それを壊《こわ》してしまうようなことはほとんど起こらないようなのだ。考えてみるとこれは不思議なことである。

カブトムシの蛹室《ようしつ》の壁《かべ》は物理的にそれほど頑丈《がんじょう》ではないので、ほかの幼虫が土を掘《ほ》って蛹室《ようしつ》を作るときに壊《こわ》してしまうことが起こるはずである。蛹室《ようしつ》の中の蛹《さなぎ》は、それを防ぐための何らかの仕組みを持っているのではないだろうか。

蛹《さなぎ》の行動を観察すれば何か分かるかもしれない。蛹室《ようしつ》はたいてい飼育容器の壁面《へきめん》に沿って作られるため、蛹室《ようしつ》の中の蛹《さなぎ》の様子はプラスチック越《ご》しに見ることができる。蛹《さなぎ》の入った容器に幼虫を何匹《なんびき》か入れ観察してみることにした。しばらく観察していると、幼虫のうちの一匹《ぴき》が蛹室《ようしつ》のほうへ近付いていった。息を呑《の》んで蛹《さなぎ》の様子を観察していると、幼虫がまさに蛹室《ようしつ》の壁《かべ》に到達《とうたつ》しようかというとき、蛹《さなぎ》が蛹室《ようしつ》の中でぐるぐると腹部をまわし回転運動をおこなうのが見えた。幼虫は動くのをやめ、しばらくすると蛹室《ようしつ》のそばから少しずつ離《はな》れていった。このような幼虫と蛹《さなぎ》の行動を何度か観察し、蛹《さなぎ》の回転運動に何か秘密があるのではないかと疑うようになり、このことをさらに詳しく調べてみようと思った。

まずは思いつく限りで一番シンプルな実験をやってみることにした。それは蛹室《ようしつ》の中の蛹《さなぎ》が回転運動をできないようにしてしまうというものである。わたしの予想が正しいのなら、蛹《さなぎ》が回転運動をしなければ、蛹室《ようしつ》はすぐに幼虫に壊《こわ》されてしまうはずである。実験者が蛹室《ようしつ》を壊《こわ》すことなく、蛹室《ようしつ》内の蛹《さなぎ》の動きだけを止めることはできないだろうか。わたしは、冷凍庫に入れて蛹《さなぎ》を凍死させ、動けなくしようと考えた。

まずは容器に成熟した幼虫を入れ、しばらく飼育した。幼虫が蛹《さなぎ》になったのを確認し、容器ごと冷凍庫《れいとうこ》に約一時間置いておいた。冷凍庫《れいとうこ》から取り出してしばらく常温にもどし、蛹《さなぎ》が動かなくなっているのを確認してから、幼虫を一匹《ぴき》容器に投入した。比較対象として、蛹《さなぎ》が生きている状態の容器も用意し、同じように幼虫を一匹《ぴき》投入した。それぞれの容器を六時間後に観察し、蛹室《ようしつ》が壊《こわ》されたかどうかを調べた。結果は期待したとおりだった。蛹室《ようしつ》の中の蛹《さなぎ》が死んで動かないとき、八九％（九回中八回）もの試行で、幼虫は狭《せま》い容器の中を動き回り、蛹室《ようしつ》を壊《こわ》してしまった。幼虫は決して蛹《さなぎ》を食べてしまうようなことはなかった。ただ単に、土の中を動き回って蛹室《ようしつ》の近くに来たときに、知らず知らずのうちに蛹室《ようしつ》を壊《こわ》してしまうのだと考えられる。一方、蛹《さなぎ》を生かしたままにしておいた容器では、わずか九％（十一回中一回）しか蛹室《ようしつ》は壊《こわ》されなかった。この結果により、わたしは、蛹《さなぎ》の回転運動が幼虫を避《さ》けるために重要なのではないかとより強く確信するようになった。

蛹《さなぎ》は幼虫が近付いてきたときに回転運動をするが、蛹《さなぎ》が回転運動をおこなうのはそのようなときだけではない。蛹《さなぎ》をピンセットや指でつつくと、蛹《さなぎ》が腹部をぐるぐると回す様子が観察できるはずだ。また蛹《さなぎ》に直接触《ふ》れなくても、蛹《さなぎ》に振動《しんどう》などの刺激《しげき》を与《あた》えると蛹《さなぎ》は同じように回転運動をおこなう。おそらく幼虫が近付いてきたときに回転運動をおこなったのは、幼虫がごそごそと動き回ったり、蛹室《ようしつ》をかじるときの振動《しんどう》を感知したためだろう。実際に、同じ容器に幼虫を入れた場合は、いない場合に比べて十倍以上の頻度《ひんど》で回転運動をおこなうこともわかった。では、幼虫の側は、一体どのような情報を受け取っているのだろうか。

幼虫は蛹《さなぎ》が回転運動をしているかどうかを土の中で視覚的に確かめることはできない。幼虫が感知しているとすれば、蛹《さなぎ》が回転運動をするときに生じる振動《しんどう》や音しか考えられない。確かに蛹《さなぎ》が蛹室《ようしつ》の中で回転運動をすると、人にも十分感じ取れるくらいの大きさの独特の振動《しんどう》が生じる。カブトムシの飼育愛好家たちは自分が飼っている幼虫が蛹《さなぎ》になったかを確かめるため、飼育容器をコツコツと叩いて刺激《しげき》を与《あた》え、容器に耳を当てる。蛹《さなぎ》になっていれば、与《あた》えられた刺激《しげき》に反応し、蛹《さなぎ》が動く振動《しんどう》がゴソゴソという音としてはっきりと聞こえるのである。

蛹《さなぎ》の振動《しんどう》がどのような特徴《とくちょう》を持っているのかを調べてみた。幸いにも、共同研究者であり、博士課程においてわたしの実質的な研究指導をおこなってくださっていた森林総合研究所の高梨《たかなし》研

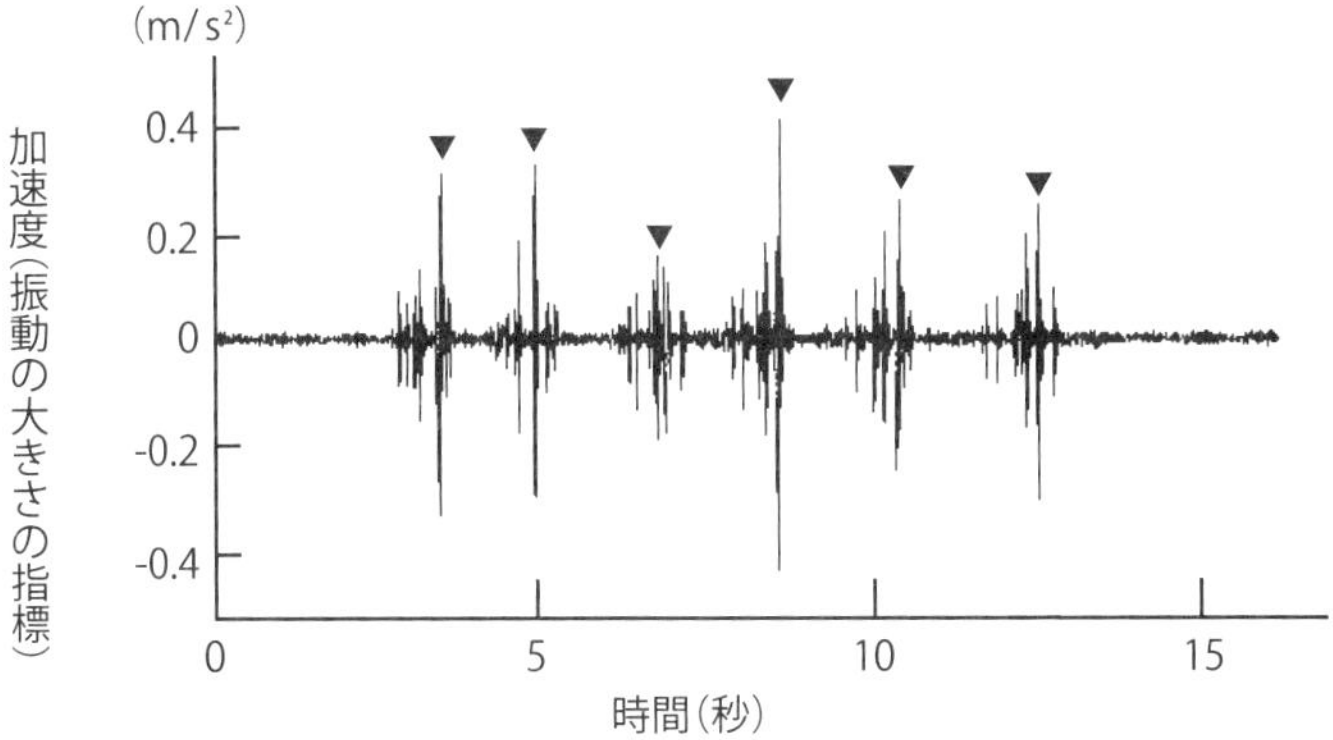

【蛹《さなぎ》の発する振動】

蛹《さなぎ》の背面が蛹室《ようしつ》の壁《かべ》とぶつかるたびに、▼で示した大きな振動が発生する。この蛹は 15 秒で 6 回転したことがわかる。

究員の実験室には、昆虫《こんちゅう》の発する微小《びしょう》な振動《しんどう》を記録、再生するための高額な機器がほとんど備えられていた。それらの機器を使わせてもらい、蛹《さなぎ》の振動《しんどう》の記録に挑《いど》んだ。振動《しんどう》を記録するセンサーを土へ埋《う》めこみ、土の中で蛹《さなぎ》が引き起こす振動《しんどう》を記録することにした。

蛹室《ようしつ》の上部を少し崩《くず》し蛹《さなぎ》が見える状態にした。接触《せっしょく》刺激《しげき》によっても蛹《さなぎ》の回転運動は引き起こすことができるので、蛹室《ようしつ》の上の穴から差しこんだピンセットで蛹《さなぎ》を刺激《しげき》した。蛹《さなぎ》は回転運動をおこない、そのときの振《しん》動《どう》を無事記録することができた。振動《しんどう》と、それと同時に記録したビデオ映像を解析《かいせき》することで以下のことが分かった。

刺激《しげき》を受けた蛹《さなぎ》は腹部を五～十回ほど腹部を回転させる。一回転するのに約一・三秒かかり、一回転するた

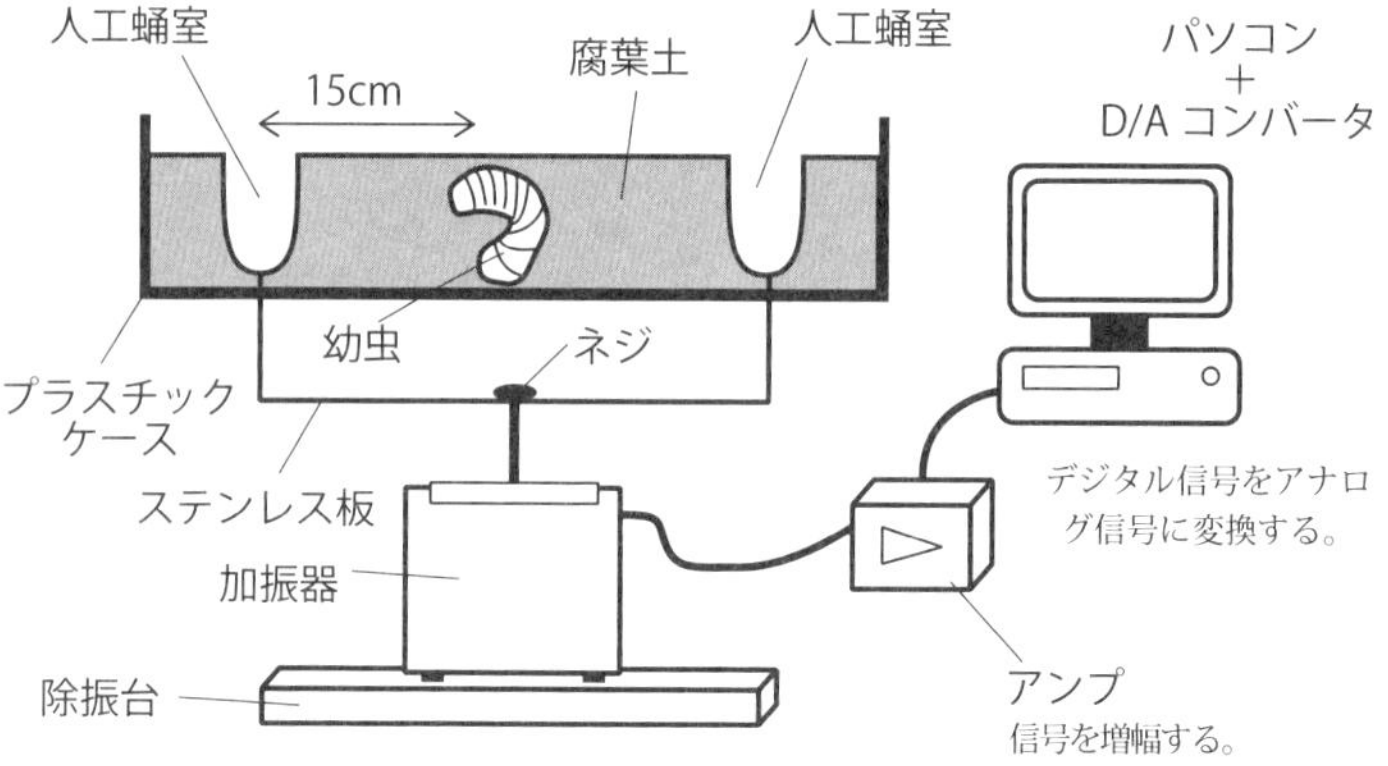

【振動を再生する装置の図】

加振器から蛹《さなぎ》の振動を再生する。その振動はネジとステンレス板を通し、人工蛹室《ようしつ》の真下から再生される。容器の中央に置いた幼虫が人工蛹室を壊《こわ》すかを調べた。

びに背面が蛹室《ようしつ》の壁《かべ》にぶつかることで規則的な振《しん》動《どう》が発生していた。周波数は五〇〇ヘルツ以下の成分を多く含《ふく》み、一〇〇ヘルツ前後の低周波成分が最も多く含《ふく》まれることもわかった。

◆振動《しんどう》を幼虫に再生する

蛹《さなぎ》の回転運動に伴《ともな》う振動《しんどう》が幼虫を避《さ》けるのに役立っていることを示すためには、幼虫にこの振動《しんどう》を与《あた》えたとき、どのような反応をするのかを観察する必要がある。実験室には、振動《しんどう》を再生するための様々な機器も備わっていた。できれば実際の蛹室《ようしつ》の近くから、記録した振動《しんどう》を再生したかったが、実験に使うための蛹室《ようしつ》を何十も手に入れるのは簡単ではない。そこで、直径三センチほどの円柱形をしたチューブを腐葉土《ふようど》に押《お》し当て、実際の蛹室《ようしつ》に近いサイズの空間を作った。これを人工蛹室《ようしつ》と呼ぶことにする。この人工蛹室《ようしつ》の真下から振動《しんどう》を再生できるような実験系を作った。

人工蛹室《ようしつ》を作ったのと同じ容器に幼虫を入れ、実際のものと同じくらいの強度で蛹《さなぎ》の振動《しんどう》を十秒ごとに再生し、一時間後に人工蛹室《ようしつ》が幼虫によって壊《こわ》されたかを確認した。振動《しんどう》を再生するための高額な装置は一台しかないため、並行して複数の実験をおこなうことは不可能だった。実験室に泊《とま》りこんで、実験をセットしては一時間後に人工蛹室《ようしつ》が壊《こわ》されたかどうかを確認することを繰《く》り返し、夜通し実験を続けることもしばしばあった。

振動《しんどう》を再生している一時間は実験室にいる必要がなかったので、実験室の外を歩き回った。当時実験をしていた茨城《いばらき》県つくば市の森林総合研究所はとても豊かな自然に囲まれており、実験室から一歩外に出るとわくわくするような生き物との出会いがたくさんあった。そのため、一時間の待ち時間は退屈《たいくつ》するどころか、実験のための幼虫をセットし終えると、待っていましたとばかりに外へ出かけ、時計を気にしながら慌《あわ》てて実験室へもどってくることが多かった。一時間でもどってくることができなければ、それまでの一時間が無駄《むだ》になってしまうからだ。

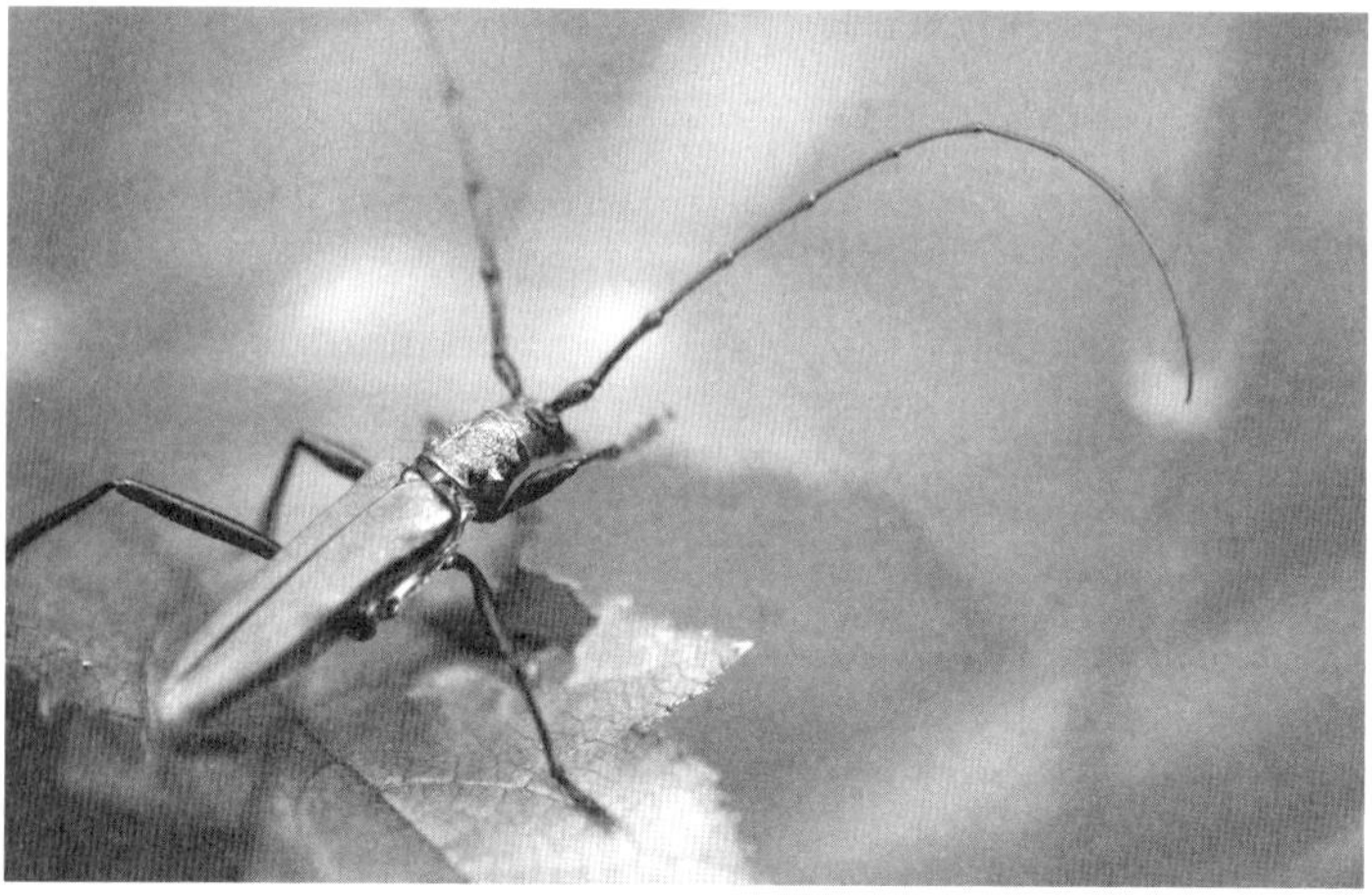

アカアシオオアオカミキリ

いくつかの印象的な動物との出会いについてここに書きとめておこう。まず、この研究所で実験を始めて驚《おどろ》いたのは、ノウサギが普通《ふつう》に見られることである。草地の減少に伴《ともな》い全国的に数を減らしていると言われているが、この研究所に限らずつくば市周辺ではまだ多く生息しているようだ。冬の間は夜に活動しているようで、雪の降った翌日に足跡《あしあと》でしかその存在を確認できないが、夏頃《ごろ》になると昼間でもその姿を時折見ることができた。

そしてフクロウもこの研究所を象徴《しょうちょう》する生き物だろう。構内で繁殖《はんしょく》した親子が夏頃《ごろ》になると盛んに飛び回り、彼《かれ》らに会うことが夜の散歩での大きな楽しみの一つだった。特に巣立ち雛《びな》は大きな声で餌《えさ》をねだるので、とても簡単に姿を見ることができた。この研究所へ来るまではフクロウもノウサギも田舎の里山にしか生息していないと思っていたが、環境《かんきょう》さえ整っていれば平地の人里にも生息できるのだと気付くことができた。

その他にも、あこがれの美しい寄生蜂《きせいばち》であるオオセイボウに出会ったり、クワガタムシを採集するために木を蹴《け》ったらアカアシオオアオカミキリが降ってきたり、貯木場で銅色に輝《かがや》くウバタマムシを観察したり、あるいは灯火にやってきたムネアカセンチコガネを採集したりと、この研究所での楽しい思い出は尽《つ》きない。

さて、振動《しんどう》を再生する実験の話にもどろう。実験を繰《く》り返しおこなった結果、蛹《さなぎ》の振動《しんどう》を再生したときは人工蛹室《ようしつ》が幼虫に壊《こわ》されることはほとんどなかった。それに対し、振動《しんどう》を再生しないときは、容器の中を幼虫が動き回り、約六〇%の確率で人工蛹室《ようしつ》は壊《こわ》されてしまった。また人工的に合成したさまざまな振動《しんどう》を蛹《さなぎ》の振動《しんどう》の代わりに幼虫に与《あた》えたところ、実際に蛹《さなぎ》が発する振動《しんどう》と同様に、一〇〇ヘルツ前後の低周波を規則的に再生したときに限り、人工蛹室《ようしつ》は壊《こわ》されなかった。やはり蛹《さなぎ》の発する振動《しんどう》は幼虫をある一定の距離《きょり》以上は寄せ付けない効果があるようだ。

◆幼虫の反応を調べる

幼虫は蛹《さなぎ》の振動《しんどう》を感じ取ると蛹室《ようしつ》を避《さ》けるということは分かったが、どのような行動をとるのだろうか。大きく分けると、逃《に》げるということと動きを止めるという二つの可能性が考えられるだろう。行動観察によると、幼虫が動きを止めているように見えた。しかし土の中で幼虫の行動はいつも観察できるわけではなく、どのくらいの間動きを止めているのかなど、客観的なデータをとるのは簡単ではない。しかし、幼虫が動いているかどうかは直接観察せずに調べる方法があった。それは幼虫が土の中を動くときに生じる振動《しんどう》を調べるというものだ。森林総合研究所の実験室にある振動《しんどう》センサーを使えば幼虫が土の中を動くときに生じる小さなノイズも拾うことができるはずだ。

幼虫の行動を調べるため容器に幼虫を入れ、振動《しんどう》センサーを腐葉土《ふようど》に差しこんだ。ねらい通り、断続的に幼虫の発するノイズが記録できた。それを二十分間モニターした後、実際と同じくらいの強度で、蛹《さなぎ》の振動《しんどう》を約三十秒間与《あた》えてみた。するとその直後から幼虫のノイズがぴたりと記録されなくなった。これは幼虫が動きを止めたということである。幼虫は平均約八分、長いと

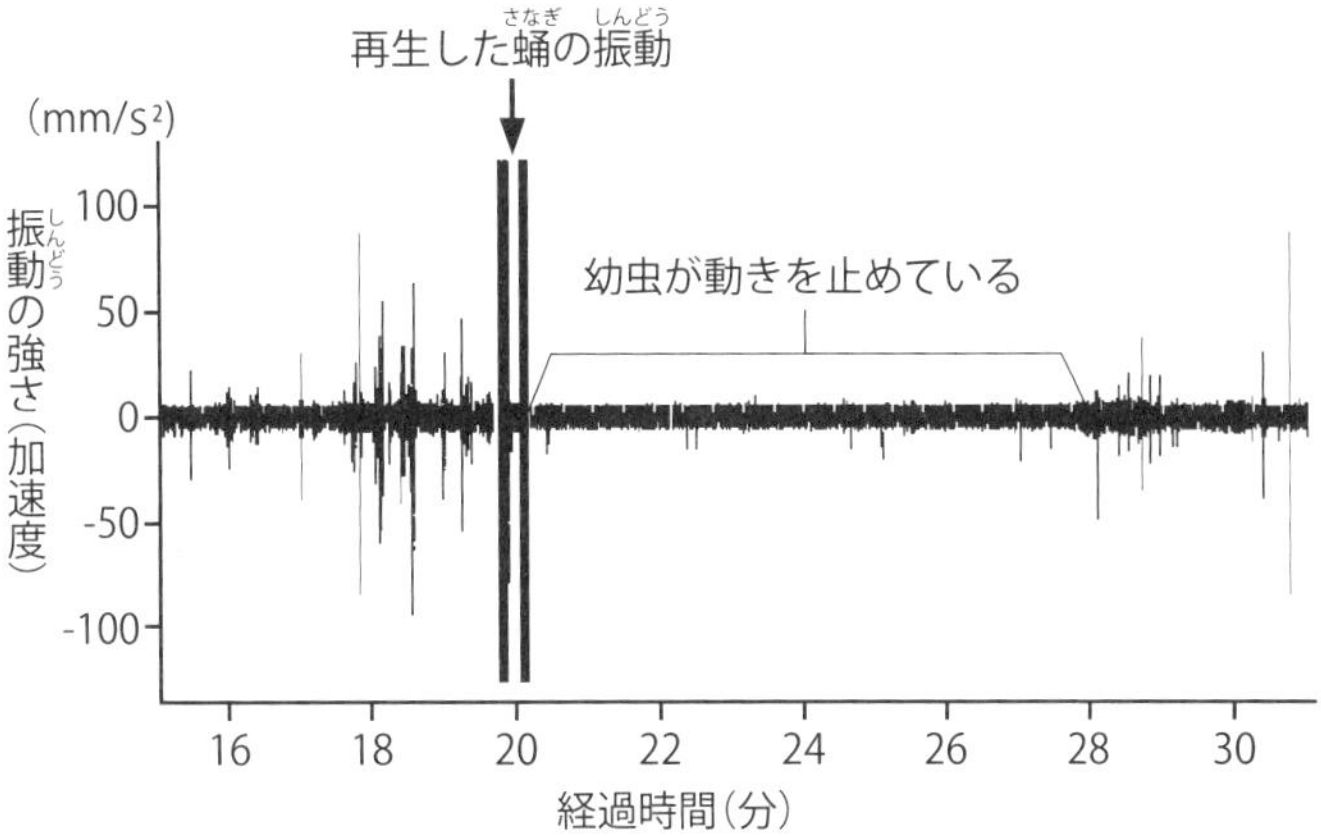

【動きを止める幼虫】
蛹《さなぎ》の振動《しんどう》を再生した直後から、約８分間、幼虫はノイズを発しない時間が続いた。

きでは十五分以上もの間微動《びどう》だにしなかった。この実験により幼虫の反応を定量化できた。やはり幼虫は蛹《さなぎ》の振動《しんどう》を聞いたときに逃《に》げるのではなく、動きを止めているのである。

　ではなぜ蛹《さなぎ》の振動《しんどう》を感知すると幼虫は動きを止めるのだろうか。一つ目は、蛹《さなぎ》を傷つけないためということが考えられるが、それは蛹《さなぎ》にとってはありがたいことだろうが幼虫にとっては得にならないだろう。だからこの可能性は考えにくい。二つ目の可能性として、幼虫は天敵回避《かいひ》などのためにある特定の振動《しんどう》を感知すると動きを止める性質をもともと持っており、蛹《さなぎ》がそれを利用しているということが考えられる。幼虫の天敵としてはモグラが知られている。実際にわたしのフィールドでも、腐葉《ふよう》土《ど》にいる幼虫が、モグラによってわずか一週間ほどの

カブトムシの幼虫を食べるアズマモグラ

間に全滅《ぜんめつ》してしまうことがしばしばあった。モグラが餌《えさ》を探して、大きな前脚《まえあし》を使いながら土を掘《ほ》り進めるときに振動《しんどう》が発生することが知られている。その振動《しんどう》のデータを幸運にも手に入れることができた。

さっそくそれをカブトムシの幼虫に対して再生してみた。すると幼虫は蛹《さなぎ》に対してと同じように約十分間動きをじっと止めることが分かった。さらにモグラの振動《しんどう》も蛹《さなぎ》と似たいくつかの特徴《とくちょう》を持っていた。すなわち一〇〇ヘルツ以下の低周波成分を多く含《ふく》み、やや不規則ではあるが約一秒おきに大きなパルス状の振動《しんどう》が発生していた。モグラ自身も餌《えさ》の昆虫《こんちゅう》やミミズが発する振動《しんどう》を手がかりとするといわれているため、モグラが近くにい

ハナムグリの頑丈《がんじょう》な土繭《つちまゆ》

るときにカブトムシの幼虫が動きを止めるのは、モグラを回避《かいひ》するという点で理にかなっている。このことから考えると、蛹《さなぎ》はモグラの振動《しんどう》を擬態《ぎたい》しており、幼虫は蛹《さなぎ》にだまされて動きを止めるのではないだろうか。

この仮説を別の角度から検証してみた。その方法はカブトムシに近縁《きんえん》な種と比較《ひかく》するというものである。カブトムシの属するコガネムシ科には、カナブン、ハナムグリの仲間や植物食性であるコガネムシなどが含《ふく》まれる。興味深いことに、蛹《さなぎ》が回転運動によって振動《しんどう》を出すのはカブトムシの仲間に限られる。例えばハナムグリの仲間では、蛹《さなぎ》はどんな刺激《しげき》を与《あた》えられてもほとんど動かない。彼らはカブトムシと違《ちが》って、土繭《つちまゆ》と呼ばれる頑丈《がんじょう》

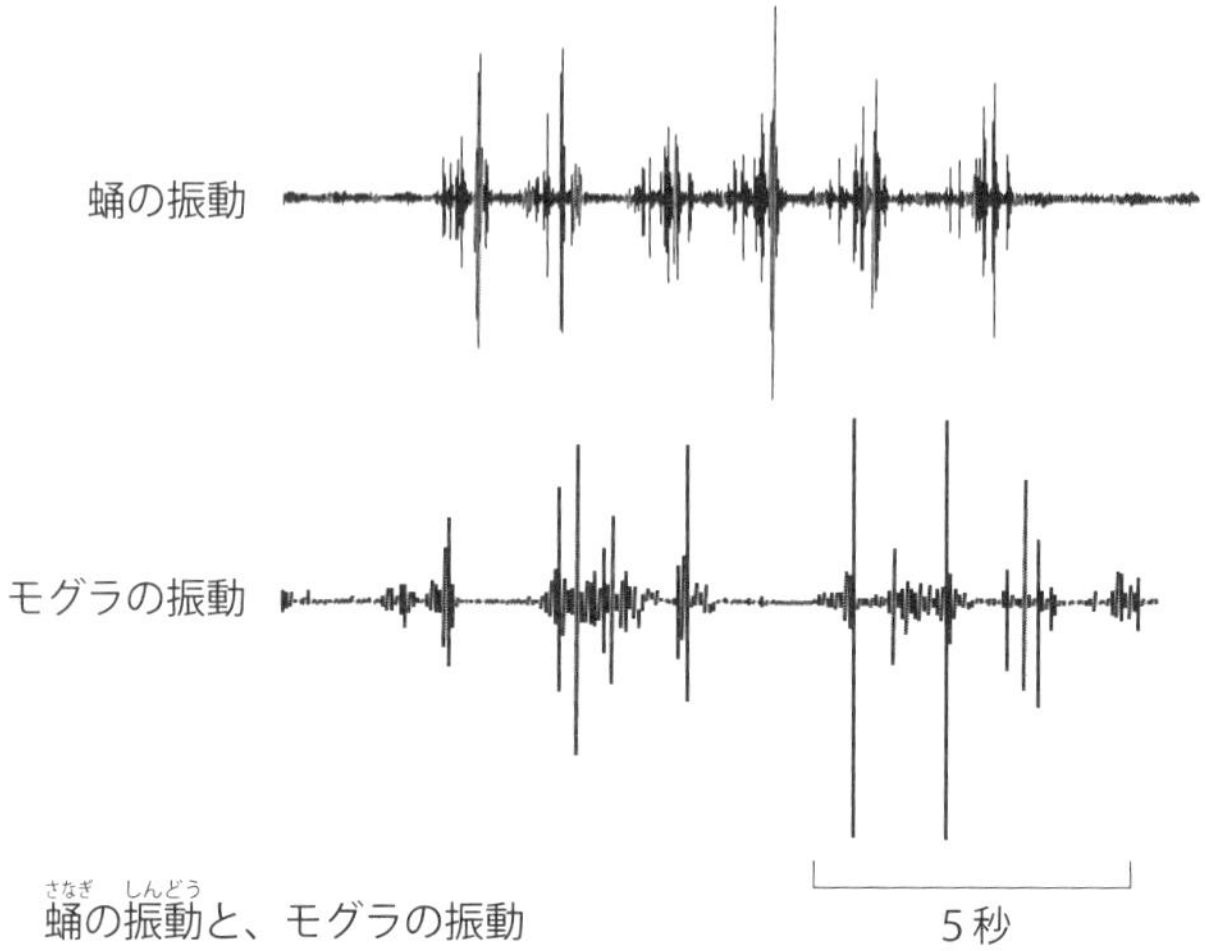

蛹《さなぎ》の振動《しんどう》と、モグラの振動
パルスのパターンが両者で似ている。

な蛹室《ようしつ》を作るため、蛹《さなぎ》が振動《しんどう》を出して幼虫から逃《のが》れる必要がないのである。また、アオドウガネなどの植物食性のコガネムシの仲間では、蛹《さなぎ》はわずかに腹部を回転させることはあるが、とても振動《しんどう》を出せるほどの激しい動きではない。彼らはカブトムシほど幼虫や蛹《さなぎ》の時期にそれほど密集して生活しないためかもしれない。進化的に見ると、本来コガネムシの仲間は蛹《さなぎ》が振動《しんどう》を発することはなかったが、カブトムシの仲間が進化する過程で一度だけ蛹《さなぎ》が振動《しんどう》をだすという性質が獲得《かくとく》されたようである。

では、蛹《さなぎ》が振動《しんどう》を発しない種の幼虫に、仮にカブトムシの蛹《さなぎ》が発する振動《しんどう》を与《あた》えたら、幼虫たちはどのような反応を示すのだろうか。ハナムグリやアオドウガネの幼虫が手に入ったのでやってみることにした。実験の手法はカブトムシの幼虫に対して振動《しんどう》を与《あた》えたときのものと同じである。幼虫が土の中を動くときに生じるノイズを測定することで幼虫の行動を調べた。

その結果、それらの幼虫もカブトムシの幼虫同様、カブトムシの蛹《さなぎ》の振動《しんどう》を与《あた》えると約十分間にわたって動きを停止させた。このことから、カブトムシにおいて、蛹《さなぎ》が振動《しんどう》を進化させるよりも前から、幼虫には潜在的に蛹《さなぎ》の振動《しんどう》に対する反応性が備わっていた可能性が強まった。そしてそれはモグラなどの天敵を避《さ》けるのに役立っていたのかもしれない。蛹《さなぎ》はそのような幼虫の性質を逆手にとって、振動《しんどう》を生み出すための特殊な行動を進化させたのだろう。

蛹《さなぎ》の振動《しんどう》はどのようにして進化したのだろうか？　先ほど説明したように、アオドウガネなどのコガネムシの幼虫もわずかにだが腹部を動かす。また腹部を回転させることは、昆虫《こんちゅう》の蛹《さなぎ》に広く見られる行動である。たとえば電柱や木の幹などにテントウムシの蛹《さなぎ》が付いているのを見かけたらぜひ触《さわ》ってみてほしい。激しく体を動かすのが観察できるはずだ。これは攻撃《こうげき》してきたアリなどを物理的に追い払《はら》うためだといわれている。またアゲハチョウなどのチョウの蛹《さなぎ》も接触刺激《せっしょくしげき》によって体を震《ふる》わせる行動をとる。これも蛹《さなぎ》に産卵しに来た寄生蜂《きせいばち》などを追い払《はら》うための行動なのではないかとわたしは想像している。

カブトムシの蛹《さなぎ》にみられる腹部の回転運動も、最初のうちはダニなどの小さな外敵を振《ふ》り払《はら》うための行動だったと考えられる。そして、幼虫との相互《そうご》作用を続けるうちに、より振動《しんどう》を効率よく発するように洗練されていったのではないだろうか。

第四章

カブトムシを食べたのは誰《だれ》？

採集した大量のカブトムシ

◆残骸《ざんがい》のなぞ

当時わたしが実験のために通っていた森林総合研究所には、おびただしい数のカブトムシが生息していた。研究所の構内には樹液を出すクヌギの木が何本かあり、夏の夜にはたくさんのカブトムシが群がっているのが見られた。さらに研究所では夏休みに子ども向けの展示をおこなっており、職員である槇原寛《まきはらひろし》さんが中心となり、ある特殊《とくしゅ》なトラップを用いて毎日のようにカブトムシを採集していた。そのトラップを使うと信じられないほどたくさんのカブトムシを採集することができる。

わたしはおもに蛹《さなぎ》や幼虫の研究をしていたのだ

が、間近でたくさんの成虫を観察するうちに、成虫にも興味を抱《いだ》くようになった。そして博士課程の二年目ごろから、幼虫や蛹《さなぎ》の研究の合間に成虫の研究を始めた。とくにわたしが注目したのは、成虫が集まる樹液の近くに落ちているカブトムシの残骸《ざんがい》だ。この残骸《ざんがい》を拾ってよく観察してみると、腹部だけがなくなっており、何者かに食べられたかのように見える。また、食べられてからまだ間もないのだろうか、頭部や胸部だけになってもまだ動いているカブトムシを見ることもあった。これはいったい誰《だれ》の仕業なのだろうか。

インターネットや図鑑《ずかん》で調べてみると、カラスが食べているのではないかという記述がいくつも見つかった。確かに研究所のまわりに生息している動物で最も疑わしいのはカラスだろう。カラスは石鹸《せっけん》からネズミなどの哺乳類《ほにゅうるい》にいたるまで、栄養源となりうるものであれば何でも食べてしまう。カラスがカブトムシを食べるというのはとてもありえそうな話だ。しかし、さらに調べていくうちに、樹液にやってきているカブトムシをカラスが食べている現場を観察した人はほとんどいないということがわかった。たとえば夜のうちに街灯に集まったカブトムシを、カラスが早朝に食べに来たところを見た人はいるようだが、これは人間活動が関与《かんよ》しており純粋《じゅんすい》な野生下での観察とはいえない。カラスがカブトムシを食べるという根拠《こんきょ》は、カラスが樹液の近くに来て

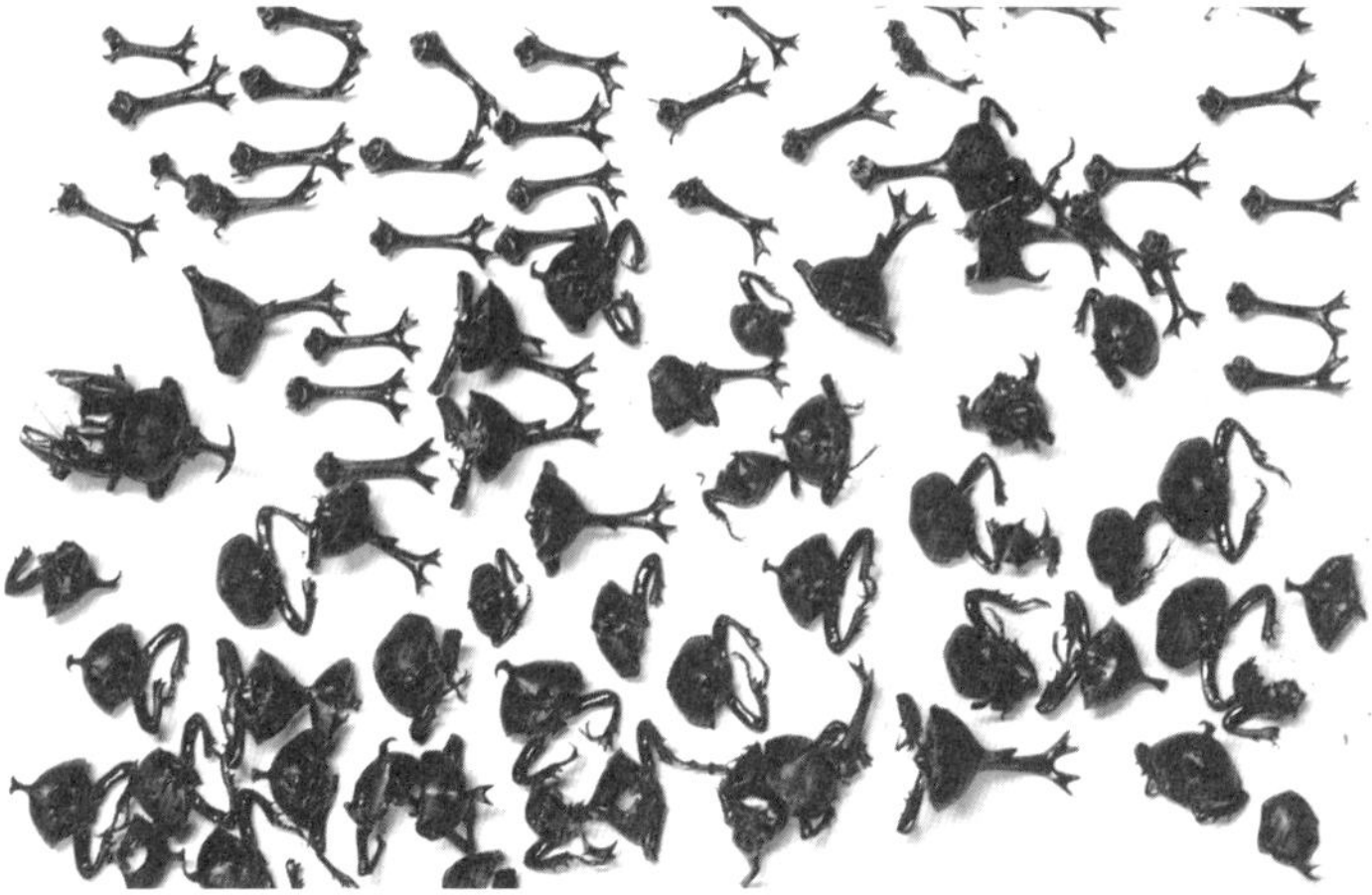

カブトムシの残骸《ざんがい》

いた、というような状況証拠《じょうきょうしょうこ》にとどまっている場合が多いようだ。やはり、カラスがカブトムシを食べていることを一度この目で確かめてみたいと思った。

◆捕食者《ほしょくしゃ》を撮影《さつえい》する

樹液に来ているカラスの姿を映像に残すためにはどうすればよいだろうか。カメラを構えて樹液のそばで張りこめば良いかもしれないが、いつ来るかわからないカラスを暑い中待ち続けるのはなかなか大変である。また用心深い鳥であるカラスは、観察者が近くにいると警戒《けいかい》してしまうかもしれない。高梨《たかなし》さんに相談すると、隣《となり》の研究室の杉浦真治《すぎうらしんじ》研究員（現神戸大学准教授《じゅんきょうじゅ》）が赤外線センサーカメラと

赤外線センサーカメラによる撮影の様子

いう特殊《とくしゅ》なカメラを用いて哺乳類《ほにゅうるい》などを撮影《さつえい》されていることを教えてくれた。杉浦《すぎうら》さんに話をしにいくと、わたしの研究に大変興味を持ち、快くカメラを貸してくださった。

このカメラは、温度の高い物体が動くと赤外線センサーがそれに反応して自動でシャッターが下り、動画を記録するようになっている。そのため温血動物の記録以外にも、防犯目的としてもよく使われているということだ。電池の持ちもよく耐久性《たいきゅうせい》にも優れているため、何か月ものあいだ野外にセットしておくこともできる。二〇一三年の八月、杉浦《すぎうら》さんらとともに研究所の二か所の樹液に計五台のカメラを取り付け、しばらく様子を見てみることにした。

それから数日後、カメラを回収するために樹液の近くに行くと、新しいカブトムシの残骸《ざんがい》がたくさん転がっていた。カメラを仕掛《しか》けているあいだにもやはり捕食者《ほしょくしゃ》は訪れていたようだ。胸を高鳴らせながらカメラの映像をパソコンでチェックした。果たしてカラスは写っているだろうか。

このカメラは温かくて動くもので、ある程度の大きさがあれば何でも反応してしまう。そのため、直射日光で温まった木の葉が風で揺《ゆ》れるだけでシャッターが下りてしまうことがある。また、カブトムシやスズメガなどの大型の昆虫《こんちゅう》も、活発に動き回った後は体が温まっていることが多いので、それらがカメラの前を横切るとシャッターが下りてしまう。動画の半分ほどはそのような捕食者《ほしょくしゃ》とは関係のない動画であった。

しかし順に一つずつ動画をチェックしていくとついにカラスが写っているものを見つけた。カラスは地上からねらいを定めると、樹液を吸っているカブトムシに嘴《くちばし》で襲《おそ》いかかり、地上にもどると脚《あし》でカブトムシを押《お》さえつけながら腹部を引きちぎった。また、樹皮がめくれた部分に脚《あし》をかけ、キツツキのような体勢になりながら、幹にへばりついているカブトムシを引き剥《は》がすこともあった。カブトムシを捕《つか》まえる方法は状況《じょうきょう》に応じて変化したが、いつも決まって地面で獲物《えもの》を食べ、頭部や胸部を残していた。

本州にはハシブトガラスとハシボソガラスという二種のカラスが生息しており、両種は鳴き声や嘴《くちばし》の太さで識別することができる。この二種は好む環境《かんきょう》が少し違《ちが》っており、この研究所周辺ではハシブトガラスが多く生息している。カメラに収められていたのもやはりハシブトガラスだった。予想通りの映像が撮影《さつえい》できて一安心である。

◆思いがけない天敵

映像のチェックを進めていくうちに、ハシブトガラス以外にもカブトムシを食べている生き物がいることに気付いた。それはタヌキである。タヌキは夜に樹液を訪れていた。樹液を舐《な》めに来ただけかと最初は思ったが、タヌキもカブトムシを捕《つか》まえるシーンがはっきりと捉《とら》えられていた。興奮しながら高梨《たかなし》さんや杉浦《すぎうら》さんと何度も動画を見返したのを覚えている。そしてタヌキもカラスと同じように、頭部などの食べ残しをしっかりと木の根元に残していった。わたしたちはカブトムシの残骸《ざんがい》を見るたびにカラスの仕業だとこれまで思いこんでいたが、タヌキも関係している可能性が浮上《ふじょう》したのだ。

では、タヌキは偶然《ぐうぜん》この樹液に訪れ、偶然《ぐうぜん》カブトムシを見つけただけなのだろうか？　それと

も樹液にカブトムシがいることを知っていて、カブトムシを食べるために恒常的《こうじょうてき》に樹液を訪れているのだろうか？　この疑問に答えるために、もう少し自動撮影《さつえい》を続けて様子を見てみることにした。

秋まで撮影《さつえい》を続けた結果、以下のようなことがわかった。まず、タヌキは少なくとも二〜三日に一度は必ず樹液を訪れていた。つまり、そばを偶《ぐう》然《ぜん》通りかかっただけではなく、定期的に様子を見に来ているようである。二頭でいっしょに来ていたこともあったが、タヌキの個体を識別するのは難しいので全部で何頭のタヌキが来ていたかはわからない。カメラは研究所内の二か所の樹液のそばにセットし、それぞれの間は二百メートルほど

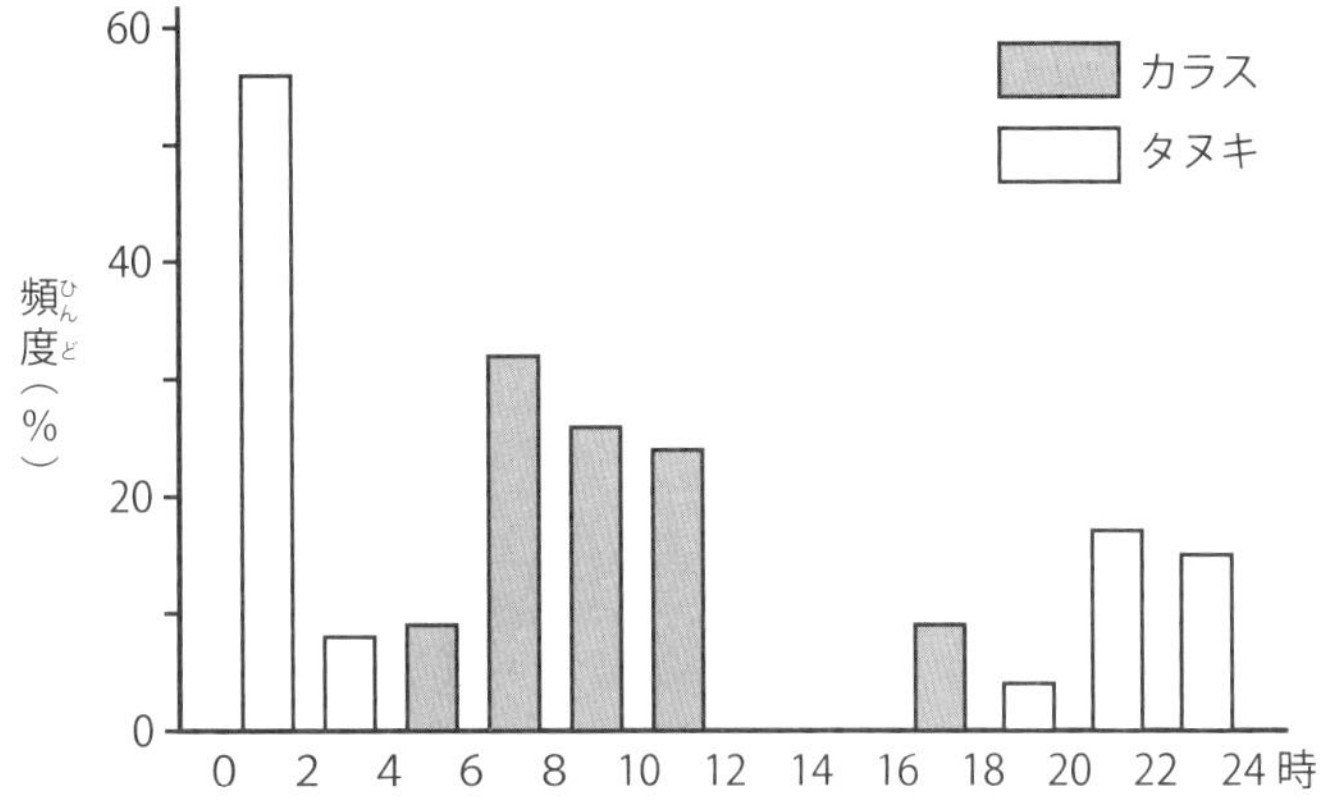

捕食者《ほしょくしゃ》が樹液を訪れる頻度《ひんど》の一日における変化
ハシブトガラスは午前中に、タヌキは深夜に樹液を訪れる。

離《はな》れているが、どちらの樹液にも頻繁《ひんぱん》にタヌキは訪れた。また、樹液を訪れる時間帯は必ず夜間であり、特に〇時から二時の間に集中していた。興味深いことにこの時間はカブトムシの個体数が最も増える時間帯に一致《いっち》している。

さらに、九月に入りカブトムシの姿がほとんど見えなくなると、タヌキが樹液に現れる頻度《ひんど》は少なくなった。いくつかの例外を除き、タヌキがカブトムシ以外の生き物を食べるシーンは観察できなかった。ただしカメラでは小型の昆虫《こんちゅう》などを食べる様子はわかりにくいので、ゴキブリやクワガタムシなどの樹液に集まる昆虫《こんちゅう》を食べていた可能性は残されている。タヌキはハクビシンやアライグマと異なり木登りはほとんどできない。口が届

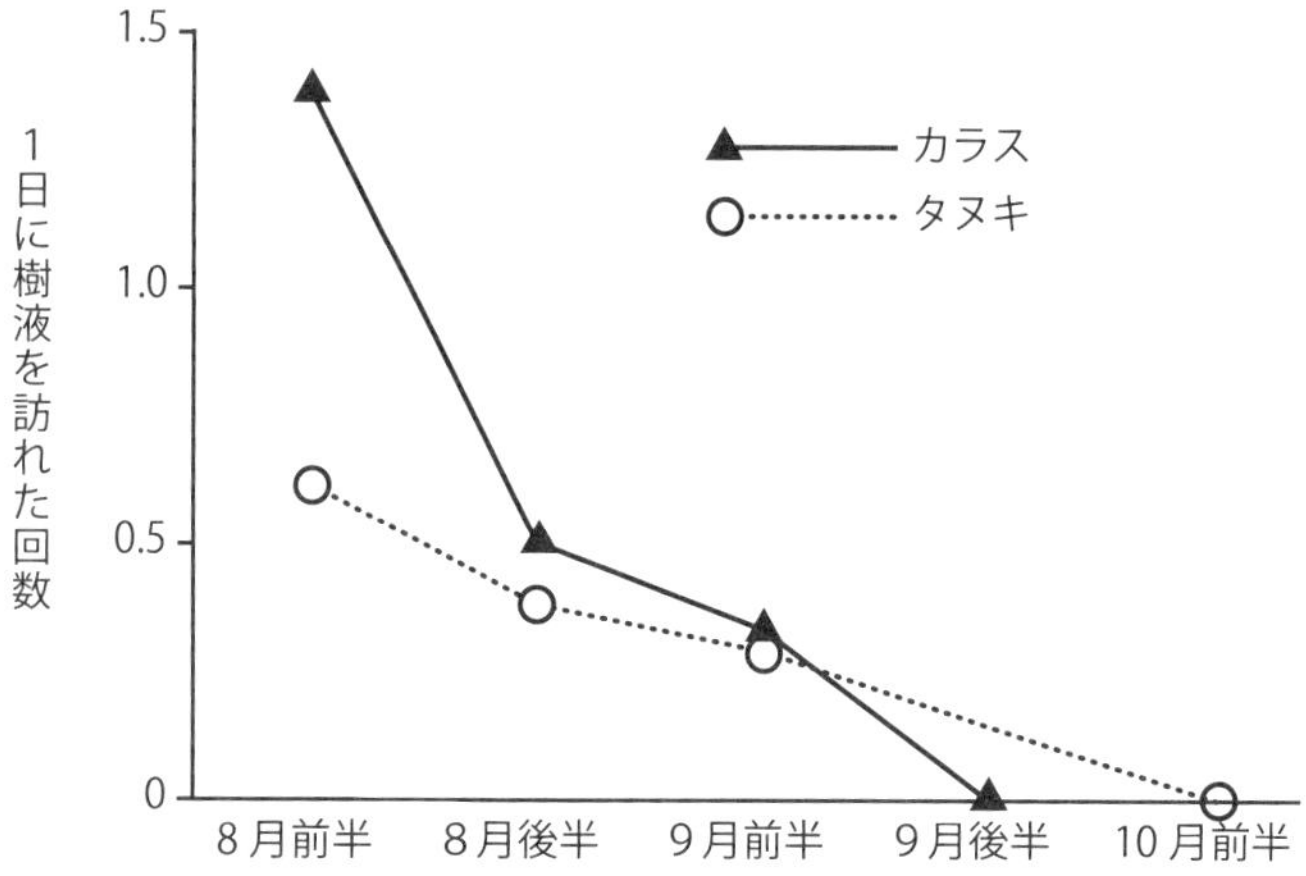

捕食者《ほしょくしゃ》が樹液を訪れる頻度《ひんど》の季節における変化
ハシブトガラス、タヌキともに秋になると樹液をあまり訪れなくなる。

く範囲《はんい》にいるカブトムシを捕《つか》まえることが多かったが、木の根元に脚《あし》をかけ、直立姿勢で木にしがみつくようにして、一メートル以上の高さにいるカブトムシを捕《と》らえることもあった。これらのことを考えると、カブトムシはタヌキにとって大好物であり、タヌキはカブトムシを食べるために樹液を頻繁《ひんぱん》に訪れている可能性が高そうである。

一方、ハシブトガラスは日の出から正午までの間に樹液にやってきた。カブトムシは夜行性ではあるが、最も個体数が増える時期には、日が昇《のぼ》っても樹液を吸い続けている個体が少なからず存在する。カラスはそのような個体をねらってやってくるのだ。タヌキ同様、ハシブトガラスも秋に入るとほとんど姿を現さなくなった。カラスが樹液にやってくるのも、カブトムシを食べるためだと考えてよさそうだ。

カブトムシはこれらの天敵にねらわれると基本的には食べられるしかない。素早く逃《に》げて敵の攻撃《こうげき》をかわすこともできなければ、クワガタムシのように地面に落下して難を逃《のが》れることもない。タヌキに襲《おそ》われたとき飛んで逃《に》げたオスもいたが、カブトムシは飛ぶのもへたなので、数メートルで地面に落下し、すぐに餌食《えじき》となってしまった。

カブトムシの捕食《ほしょく》とは関係ないが、タヌキの面白い行動がカメラに記録されていたことがある。ある夏の深夜、いつものようにタヌキがクヌギの樹液にやってきた。タヌキは木の周りをぐるぐると回りながら樹液にいる獲物《えもの》を探していたが、突然《とつぜん》樹皮のめくれた隙間《すきま》を丹念《たんねん》に調べ始めた。そして隙間《すきま》に口の先を突《つ》っこみ、何かを取り出そうとしていた。動画をよく見ると、樹皮の隙間《すきま》からタヌキから必死に逃《のが》れようとする大きな生き物が見え隠《かく》れしている。どうやら樹皮の下に何かタヌキの餌《えさ》になるような生き物が潜《ひそ》んでいるようで、タヌキはそれに執着《しゅうちゃく》しているのだ。

樹皮の隙間《すきま》はその大きな獲物《えもの》が隠《かく》れるには狭《せま》すぎたようで、数十秒するとあえなくタヌキに引っ張り出された。なんと引っ張り出されたのはネズミだった。画質が不鮮明《ふせんめい》なので種類まではっきりしないが、クマネズミやアカネズミなどの一部の種は木登りを得意としているようである。

またアカネズミが木に登り、樹液に集まる昆虫《こんちゅう》を食べていたという観察例も存在する。このことから考えると、樹液に集まる昆虫《こんちゅう》を食べにやってきたネズミの仲間が、カブトムシを探しに樹液にやってきたタヌキに運悪く見つかってしまったというところだろう。

つくば市の研究所ではタヌキとハシブトガラスがカブトムシのおもな捕食者《ほしょくしゃ》であることがわかったが、他の場所ではどうだろうか。自動撮影《さつえい》用のカメラを仕掛《しか》けて調べてみることにした。調査場所に選んだのは西東京市にある、東京大学が所有する田無《たなし》演習林である。この演習林は、郊外《こうがい》の住宅街の中に残された一〇ヘクタールほどの雑木林であり、農場と隣接《りんせつ》している。この演習林の中に、カブトムシがたくさん集まるクヌギの木が何本かあると聞き、この場所を調査地に選んだ。また、大学の演習林であるため、調査の許可がとりやすく、ヒトにカメラをいたずらされる恐《おそ》れも少ない。二〇一四年の夏、三本のクヌギの木のそばにカメラを設置した。クヌギの木の周りにはやはり大量のカブトムシの残骸《ざんがい》が転がっており、とても期待が持てた。

約一週間後カメラをチェックした。すると、やはりハシブトガラスとタヌキが頻繁《ひんぱん》にカブトムシを食べにやってきていることがわかった。そして、森林総合研究所の林と同じように、秋になるとこれらの捕食者《ほしょくしゃ》はほとんど樹液を訪れなくなった。田無演習林や森林総合研究所以外のいくつかの場所でも、タヌキとハシブトガラスがカブトムシを食べているという状況証拠《じょうきょうしょうこ》が最近得られている。少なくとも関東地方においては、この二種類がカブトムシの重要な捕食者《ほしょくしゃ》であると考えている。

これまでなぜタヌキがカブトムシの捕食者《ほしょくしゃ》であると考えられてこなかったのだろうか。一番大きな理由は、タヌキが樹液を訪れるのが深夜であり、人の目に触《ふ》れにくいということだろう。また、わたしがそうであったように、カラスが食べていると思いこんでいる人が多いということも原因として考えられる。わかりきっていることを、わざわざカメラを仕掛《しか》けて確かめてみようと思う人がいなかったのかもしれない。

◆樹液を訪れる動物たち

つくば市の森林総合研究所に仕掛《しか》けた赤外線センサーカメラは、タヌキとハシブトガラス以外にもたくさんの動物を記録していた。まずはハクビシンである。ハクビシンはしばしばタヌキとまちがえられることもあるが、分類としてはジャコウネコ科に属し、イヌ科に属するタヌキとは異なる。日本にもともといた種ではなく、中国からの外来種とする説が有力のようだ。尻尾《しっぽ》は長く体型はイタチのようにすらっとしている。そしてタヌキと違《ちが》って木登りがうまい。里山から市街地まで広く生息し、都市部でも増加している。夜に頭上をよく注意していると、綱渡《つなわた》りのように電線の上を器用に歩くハクビシンの姿を観察することがある。ただし、一般的《いっぱんてき》にはタヌキよりもさらに遅《おそ》い時間に活動するため、個体数の割に人目に触《ふ》れる機会は少ないようだ。研究所の構内にもやはりハクビシンは生息しており、しばしばカメラに写りこんだ。しかしタヌキに比べると樹液を訪れる頻度《ひんど》はずっと少なく、せいぜい十日に一度程度だった。

ではハクビシンはカブトムシを食べているのだろうか。わたしは二〇一二年から二〇一五年までの四シーズンにわたって樹液に来る動物を記録してきた。二〇一二年から二〇一四年にはハクビシンがカブトムシを食べるシーンはまったく撮影《さつえい》されなかった。そもそもカブトムシが樹液に来ているタイミングでハクビシンがやってくることがほとんどなかった。ハクビシンは、樹液に来ているカマドウマのような小さな昆虫《こんちゅう》を食べているだけだった。ところが二〇一五年はハクビシンの訪れる頻度《ひんど》がやや多くなり、ついにはカブトムシを食べている映像が記録されたのだ。

カブトムシを捕らえた瞬間が鮮明に写っていたのは二回だけだったが、それ以外にもカブトムシを食べていると考えられるシーンが何度もあった。なぜ四年間でこのような変化があったのか

はわからないが、ハクビシンもカブトムシの捕《ほ》食者《しょくしゃ》になりうるのである。現在のところ、タヌキやカラスに比べると影響《えいきょう》はずっと小さいが、今後も継続的にデータを取っていく必要があるだろう。

アライグマも樹液に訪れた。アライグマもタヌキやハクビシンとまちがえられることが多いが、縞模様《しまもよう》の長い尻尾《しっぽ》を持っているという点で見分けられる。ハクビシン同様木登りがうまい。民家の屋根裏をねぐらにすることもあり、最近ニュースなどで社会問題として取り上げられることも多くなった。日本では、ペットとして飼われていたものが野生化し、近年西日本から東へと分布を拡大し、研究所のある茨城《いばらき》県でも二〇一〇年頃《ごろ》から目撃例《もくげきれい》が急増しているようである。そのため、研究所周辺にも生息しているのではないかと予想していたら、案の定、二〇一三年にアライグマが二度樹液を訪れた。夏の終わり頃《ごろ》だったこともあり、カブトムシは樹液にはいなかったようだが、カブトムシを見つければきっと喜んで食べたことだろう。アライグマの今後の動向には注意が必要だ。

カメラに写りこんでいた動物の中で一番嬉《うれ》しかったのはアナグマである。アナグマは二〇一三年の夏に一度だけカメラのそばを横切った。これまで紹介《しょうかい》してきた三種の哺乳類《ほにゅうるい》と違《ちが》い、樹液に特に関心を示しているようには見えず、偶然《ぐうぜん》通り過ぎただけかもしれない。アナグマは一般的《いっぱんてき》には都市部から離《はな》れた、森林に囲まれた里山に生息しているとされており、わたしもそう思いこんでいた。だから、いくら研究所の周りの自然が豊かであるとはいえ、周りを道路や住宅で囲まれた平地の林にアナグマが生息しているとは夢にも思わなかった。動画をはじめに見たときは目を疑ったが、さまざまな特徴《とくちょう》が合致《がっち》しており、アナグマにまちがいなかった。こんなに身近な環境《かんきょう》にも稀少《きしょう》な動物が生き残っていることを知り、とても胸が熱くなった。

樹液にセットしていたカメラに写っていた五種類目の哺乳類《ほにゅうるい》はヒトである。頻繁《ひんぱん》にカブトムシを採りに来る親子がおり、高梨《たかなし》さんにお見せしたところ、研究所の職員であると〈同定〉された。最近は虫捕《むしと》りをする子どもたちも減っていると耳にする。カブトムシにとっては幸せな時代かもしれないが、虫捕《むしと》りという楽しみを知らずに子どもたちが大人になっていくのはさみしいことだとわたしは思う。

鳥類ではカラス以外にカブトムシを捕食《ほしょく》したものはいなかったが、頻繁《ひんぱん》にコジュケイという鳩《はと》くらいの大きさのキジの仲間がカメラに写っていた。コジュケイは「チョットコイ、チョットコイ」と大きな声で鳴くため研究所にいることは知っていたが、それまで姿を見たことはなかった。コジュケイはとても臆病《おくびょう》な鳥で、少しでもヒトの気配を感じるとすぐに藪《やぶ》の中にもぐってしまうからである。そんなコジュケイも、無人カメラの前ではとてもリラックスした様子を見せてくれた。

◆身近な動物、タヌキ

ところで、カラスはどこにでもいるが、タヌキがいる場所は田舎の限られた場所だけではないかと思う人もいるかもしれない。しかしそんなことはない。タヌキは、少なくとも関東のほとんどの場所に普通《ふつう》に生息しているのだ。タヌキは都会の公園にも生息している。東京タヌキ探検隊

(http://tokyotanuki.jp/)というホームページにぜひアクセスしてみてほしい。このホームページでは、東京二十三区内に約一千頭のタヌキがいると推定されている。また、二十三区のほぼすべての区で目撃《もくげき》されており、とりわけ杉並《すぎなみ》区で突出《とっしゅつ》して多く見られている。新宿区や渋谷《しぶや》区のような区部の中心部での記録も多い。カブトムシとタヌキは好む環境《かんきょう》が似ており、カブトムシが見られるような緑地であれば基本的にはタヌキも生息していると考えてよいだろう。

ちなみに、このホームページには東京二十三区におけるタヌキ以外の哺乳類《ほにゅうるい》の分布についても書かれている。大変興味深いので少し紹介《しょうかい》したい。ハクビシンは区内ではタヌキ以上に目撃《もくげき》情報が多い。やはり二十三区内のほぼ全域に分布している。わたしが今住んでいる渋谷《しぶや》区の家の周りでも見かけることがある。アライグマは今のところ区内では目撃件数は少ないようで、生息数は一〇〇頭前後だろうと推定されている。そして驚《おどろ》くべきはアナグマだ。信じられないような話だが、ここ数年の間にも渋谷区や大田区などで確実な目撃《もくげき》情報があるという。その目撃数《もくげきすう》は年間三件ほどと、タヌキなどに比べるとずっと少ないが、この大都会の中にもアナグマがまだひっそりと生き残っているというのは、とても夢のある話ではないだろうか。

ハシブトガラスにカブトムシを与える実験の様子

◆残骸《ざんがい》を区別する

カブトムシのおもな捕食者《ほしょくしゃ》であるタヌキとハシブトガラスがカブトムシの頭部などを食べ残すことは、撮影《さつえい》された動画からわかった。では、それぞれの捕食者《ほしょくしゃ》による残骸《ざんがい》は区別できるのだろうか。それを確かめるには、どちらの捕食者《ほしょくしゃ》が食べたかが確実にわかっているカブトムシの残骸《ざんがい》を手に入れる必要があった。まずはカラスについてだ。カラスにカブトムシを与《あた》えるのは難しくないように思えた。研究所の林内の一角には、カラスの群れが頻繁《ひんぱん》にたむろしていた。ここにカブトムシを置いておけばカラスはそれを見つけて喜んで食べるのではないか。

トレイに入ったカブトムシを食べるハシブトガラス

さっそく、白いプラスチックのトレイの中に、飛べないように後ろ羽を切ったカブトムシを四匹《ひき》入れた。食べ方に違《ちが》いがあるかもしれないと考え、オスとメス、小さい個体や大きい個体を混ぜておいた。トレイを目立つように地面に置き、ビデオカメラで撮影《さつえい》した。カラスはすぐに気付き、容器のそばまでやってきた。最初の何時間かはさすがに警戒《けいかい》し、手を出すのをためらっているように見えたが、勇敢《ゆうかん》な一羽がとうとうカブトムシに襲《おそ》いかかった。するとそれを引き金に、周りで見ていたカラスもいっせいにカブトムシに襲《おそ》いかかった。

実験を繰《く》り返すと、カラスはトレイを学習したのか、すぐにカブトムシを食べるようになった。カラスどうしでカブトムシの取り合いになること

ひもでくくりつけられたカブトムシ

もあり、やはりカブトムシは彼《かれ》らの大好物のようである。わたしは、トレイが空になっていることを確認すると、付近に転がっているカブトムシの残骸《ざんがい》を拾い集めた。ハシブトガラスに食べられた残骸《ざんがい》は、腹部《ふくぶ》と後胸部《こうきょうぶ》だけが器用に食べられていた。前翅《ぜんし》、前胸部《ぜんきょうぶ》、中胸部《ちゅうきょうぶ》、頭部《とうぶ》は、ほとんど無傷のまま残されていた。

つぎはタヌキに食べられたカブトムシを手に入れる必要がある。夜行性で警戒心《けいかいしん》の強いタヌキに対しては、カラスのように目の前でカブトムシを食べてもらうのは至難の業だ。そこで思いついたのは、樹液のそばにカブトムシをひもでつなげておくというものだ。翌日に、ひもでつながれた残《ざん》骸《がい》を回収するとともに、自動撮影《さつえい》用のカメラの映

タヌキに食べられたカブトムシ

像をもとに、ひもにつながれたカブトムシを食べたのはどちらの捕食者《ほしょくしゃ》かを照合するのだ。さっそく、カブトムシを採ってきて、樹液のそばの枝にひもでつなげておいた。カブトムシは二メートルくらいの範囲《はんい》を自由に動けるので、夜になるときっと樹液を吸いはじめるはずである。そしてタヌキがそれを見つけてくれることを期待した。

この実験はやってみるとなかなか思い通りにいかないことがわかった。くくりつけられたカブトムシは、動き回るうちにひもに絡《から》まって、翌朝には身動きが取れなくなってしまうことが多かった。せっかく翌朝ひもにくくりつけられたカブトムシが食べられていても、ビデオを後で見てみると犯人はカラスだったということもあった。また、自動撮影《さつえい》では、訪れた動物のすべての行動を記録できるとは限らない。タヌキが樹液のまわりへ来たことがビデオに記録されており、さらに、ひもでつながれたカブトムシが何者かに食べられていたとしても、タヌキがそれを食べる瞬間《しゅんかん》が記録されていなければ、タヌキによるしわざであると断定はできない。しかし、実験を繰《く》り返すうちに、ひもでつながれたカブトムシがタヌキに食べられた瞬間《しゅんかん》を撮影《さつえい》することができた。タヌキはひもを口で引っ張り持ち去ろうとした。しかしカブトムシはしっかりとつながれていたので、仕方なくといった表情で、ひもにつながれたままのカブトムシを食べた。そして、実際に樹液を確認すると、ひもにつながれたカブトムシの体の一部が残されていた。実験成功である。

ひと夏の間実験を繰《く》り返し、タヌキによる残骸《ざんがい》を五個体分なんとか回収することができた。カラスによるものと同じように、腹部だけが食べられており、一見違《ちが》いはわかりにくい。しかしよく見比べると、タヌキによる残骸《ざんがい》には、胸部などに歯形のような傷が残っていたり、あるいは噛《か》み砕《くだ》かれたような痕跡《こんせき》が見られるものもあった。これはカラスによる残骸《ざんがい》には見られなかった特《とく》徴《ちょう》である。つまり、タヌキによる残骸《ざんがい》とハシブトガラスによる残骸《ざんがい》は、場合によっては区別でき

タヌキによる食べ残し（左）と、ハシブトガラスによる食べ残し（右）。
タヌキによる食べ残しには、矢印で示した歯形が残されることが多い。

そうであることがわかった。

歯形があるかという点に注目して、研究所の中で回収した残骸《ざんがい》をあらためてよく観察してみると、約六割のものに歯形が残されていることがわかった。つまり、少なくとも六割以上はタヌキによる捕《ほ》食《しょく》であり、残りの四割以下がハシブトガラスにより捕《ほ》食《しょく》されたものであると考えることができる。田無演習林で回収したものは、残骸《ざんがい》のうち約八割がタヌキによるものであった。少なくともこの二か所については、ハシブトガラスよりもタヌキのほうが重要な捕食者《ほしょくしゃ》であると言えそうだ。タヌキはちょうどカブトムシの活動がピークとなる時間に樹液を訪れるため、日が昇《のぼ》ってから樹液を訪れるハシブトガラスよりも効率よくカブトムシを捕《つか》まえることができるのかもしれない。

◆大きいオスは食べられやすい？

捕食者《ほしょくしゃ》の行動についてはよく分かったが、わたしにはもう一つ気になっていることがあった。野外で集めた残骸《ざんがい》を並べて眺《なが》めていると、やけにオスが多く含《ふく》まれているように感じたのだ。この直感は果たして正しいのだろうか。研究所の中で回収した残骸《ざんがい》を調べ、この直感を確かめようと思った。一般的《いっぱんてき》に、多くの動物において、食べられてしまった個体の特徴《とくちょう》をわれわれが知ることは難しい。どのような個体が食べられやすいかを調べるためには、直接捕食《ほしょく》シーンを観察するくらいしか方法がなく、野外における調査は困難である。しかし、カブトムシの場合は残骸《ざんがい》を調べれば、食べられてしまった個体の特徴《とくちょう》を簡単に知ることができるのだ。

まずは残骸《ざんがい》の性別を調べた。角があるかどうかを見ればオスかメスかはすぐにわかる。また、残骸《ざんがい》からは性別だけでなく、体の大きさなどについての情報も知ることができる。タヌキによって粉々に噛《か》み砕《くだ》かれていなければ、体の大きさの指標となる胸部の幅《はば》や、オスであれば角の長さなどをノギスで測った。残骸《ざんがい》と比べるのは、研究所内で採集した生きた個体である。研究所では職員の方が夏休みの展示用のカブトムシを毎日のように採集されていたので、それを使わせてもらうことができた。これらの個体と残骸《ざんがい》を比べることで、どのような個体が特に食べられやすいかがわかるはずだ。

性別について見てみると、研究所で採集された個体はオスとメスがほぼ半々で含《ふく》まれていた。一方で、回収した残骸《ざんがい》は七割近くがオスであった。つまりメスよりもオスの方が食べられやすいということである。体の大きさについては、食べられた個体のほうがトラップで捕《つか》まえた個体よりも大きいことがわかった。この傾向はオスにもメスにも見られた。まとめると、体の大きなオスが一番食べられやすいということだ。

カブトムシのオスでは、体が大きいほど長い角を持つ。長い角をもつオスほどけんかに勝ちやすい。そして、けんかに勝ったオスは良い餌場《えさば》を占領し、多くのメスと交尾することができる。そのため、角が長いオスほど、多くの子どもを残すことができるので有利だとこれまで考えられていた。しかし、大きなカブトムシは天敵に襲われやすいため長生きできないかもしれない。天敵がまわりにたくさんいるような環境《かんきょう》では、大きいオスが最終的に得をするとは限らないだろう。

では、なぜメスよりもオスが、体の小さい個体よりも大きい個体のほうが食べられやすいのだろうか。いくつかの可能性が考えられる。最も有力だと考えているのが、大きい個体は目立ちや

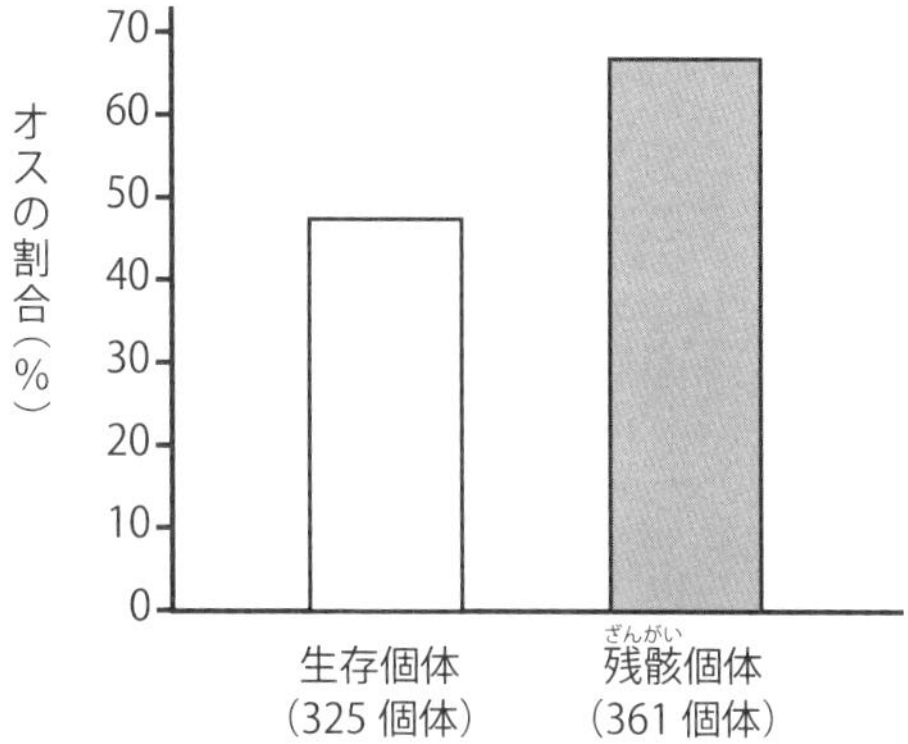

（研究所で採集した325個体では48％がオスだったが、回収した残骸《ざんがい》361個体では、68％がオスだった。）

生存個体と食べ残しに含まれるオスの割合の比較

すいということだ。特に、カブトムシの最大の捕食者《ほしょくしゃ》であるタヌキはあまり目が良くないようだ。樹液で記録された映像の中でも、すぐ目の前にいるカブトムシに気付かなかったり、あるいは、半ば手探りのような状態でカブトムシを探し当てるといった様子が見て取れた。メスに比べて、オスのカブトムシの独特なフォルムは、タヌキの目に留まりやすいかもしれない。姿かたちだけでなく、行動もオスとメスでは大きく異なる。メスはじっと樹液を吸っているだけでほとんど動かないが、オスはけんかをしたりメスを探すために樹液を動き回る。このようなオスの活発な行動は、捕食《ほしょく》者《しゃ》の目に留まりやすいのではないだろうか。

次に考えられるのは活動時間についてである。わたしは過去に、どのようなカブトムシが、朝まで樹液に

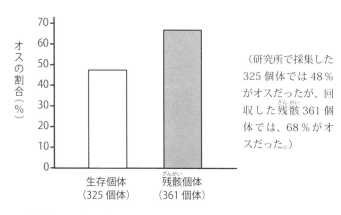

残っているのかを調べたことがある。すると、朝まで残っている個体はトラップで捕獲《ほかく》されたものに比べてオスの割合が高く、体も大きいことがわかった。理由ははっきりしないが、大きいオスは夜の間はけんかや交尾《こうび》に時間を費やすため、ろくに餌《えさ》をとることができず、仕方なく朝まで餌《えさ》を食べているのかもしれない。朝まで樹液に残っている個体はカラスに食べられやすくなってしまうはずだ。

大きいオスは捕食者《ほしょくしゃ》にとって魅力的《みりょくてき》な餌《えさ》であり、捕食者《ほしょくしゃ》がそのような個体を選んで食べているということはないだろうか。少なくとも行動観察からは、タヌキやカラスは目に留まった個体を手当たり次第に捕《と》らえているように見えた。捕食者《ほしょくしゃ》が特定の個体を選んで食べている可能性は低いように思う。他にもいくつかの可能性が考えられるが、それぞれを検証する良いアイデアは今のところ持っていない。実際には上に挙げたいくつかのプロセスが組み合わさることで、特定の個体が食べられやすい状況《じょうきょう》が作り出されるのだろう。

第五章

体の大きさのばらつきを説明する

大きなカブトムシ
（体重約 10 グラム）
と
小さなカブトムシ
（体重約 2 グラム）

◆体の大きさのばらつきはどのようにして生じるか

カブトムシでは体の大きさによって、捕食《ほしょく》されやすさが違《ちが》うということがわかった。では、そもそもなぜカブトムシは体の大きさにこれほどばらつきがあるのだろうか。一つの場所から採集したオスについて見ても、最大の個体と最小の個体の間には、体重にして五倍以上の開きがあることもある。これほどまでに大きさがばらつく昆虫《こんちゅう》は、カブトムシ以外にはクワガタムシや一部のカミキリムシくらいではないだろうか。このようなばらつきがどのように生じるのかに興味があり、飼育しながら最近さまざまな実験をおこなっている。

カブトムシの成虫の体の大きさは、幼虫のときに食べた餌《えさ》の量や質で決まるといわれてきた。カブトムシ飼育愛好家たちはできるだけ大きな成虫を手に入れるために、高価なカブトムシマットを買い、幼虫を育てる。実際にさまざまな種類の餌《えさ》を幼虫に与《あた》えて育てると、はっきりと餌《えさ》の影響《えいきょう》が現れる。あまり発酵《はっこう》の進んでいない腐葉土《ふようど》で幼虫を飼育すると、良い餌《えさ》で飼育したときに比べてずっと体重が小さくなった。ほかにも興味深いことがわかった。カブトムシはふつうオスの体重はメスの体重の一・四倍ほどだ。ところが、質の悪い餌《えさ》で飼育すると、オスとメスの体重の差がほとんどなくなったのだ。これは、メスよりもオスのほうが、餌《えさ》の質の変化に対して鋭敏《えいびん》に反応するということを示している。

餌《えさ》の質は成虫の大きさに影響《えいきょう》を与《あた》える最大の要因であることはまちがいない。しかし、同じ餌《えさ》で飼育していても、成虫になるとある程度大きさにばらつきが現れることに気付いた。つまり幼虫の餌《えさ》以外にも、体の大きさに影響《えいきょう》を与《あた》える要因があるはずである。それは卵の大きさではないかとわたしは考えた。卵の大きさがばらつくことは、それまで何千という数の卵を観察してきた経験から知っていた。大きい卵から生まれた幼虫は良いスタートダッシュを切ることができ、大きい成虫になるのではないか、そう予想した。幼虫を個別に飼育し、卵の大きさと成虫になったときの大きさの関係を調べることにした。成虫の体重は空腹かどうかで大きく変化するので、蛹《さなぎ》

幼虫の飼育の様子

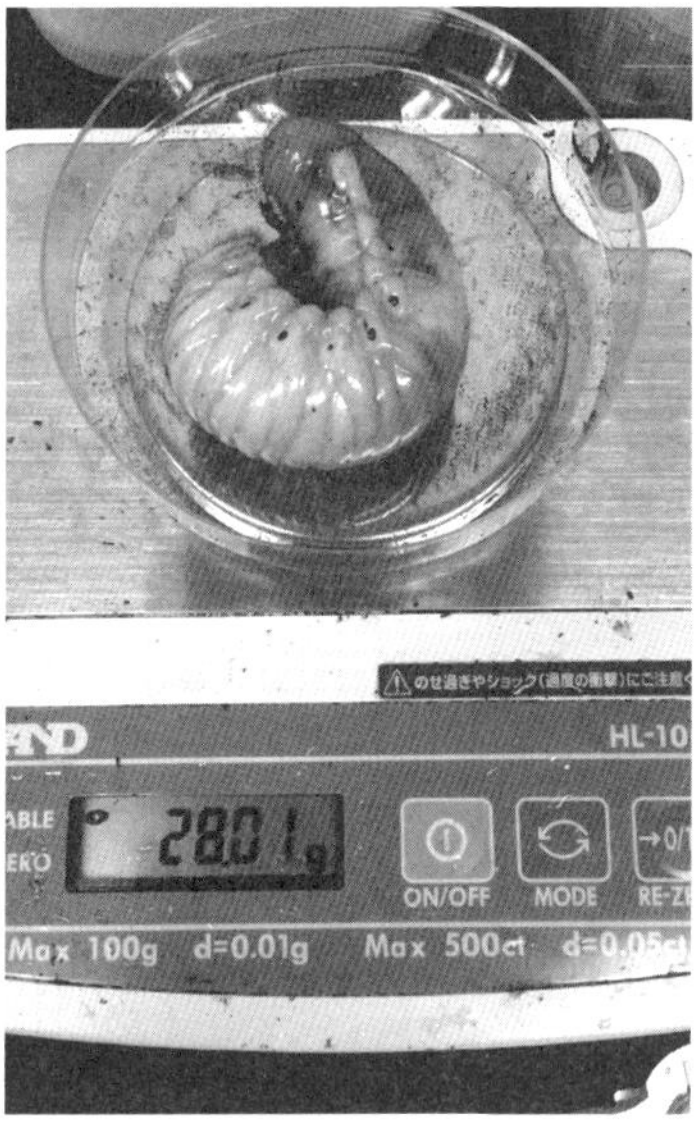

幼虫の体重測定

の体重を成虫の大きさの指標とした。蛹《さなぎ》の体重は、蛹《さなぎ》のほぼ全期間を通してほとんど変化しないからだ。

　カブトムシの飼育実験は根気のいる仕事である。実験自体は、卵の重さを一つずつ測って腐葉土《ふようど》の入ったプラスチックのカップに入れ、孵化《ふか》した後は一か月ごとに幼虫の体重を測るという単純なものである。しかし、幼虫が成長してくると、五〇〇ミリリットルの飼育容器に詰《つ》めこまれた餌《えさ》はあっという間に食べつくされてしまうため、十日に一回ほどのペースで餌《えさ》の交換《こうかん》をしなければならなかった。もっと大きな容器に入れれば餌交換《えさこうかん》の頻度《ひんど》は少なくて済む

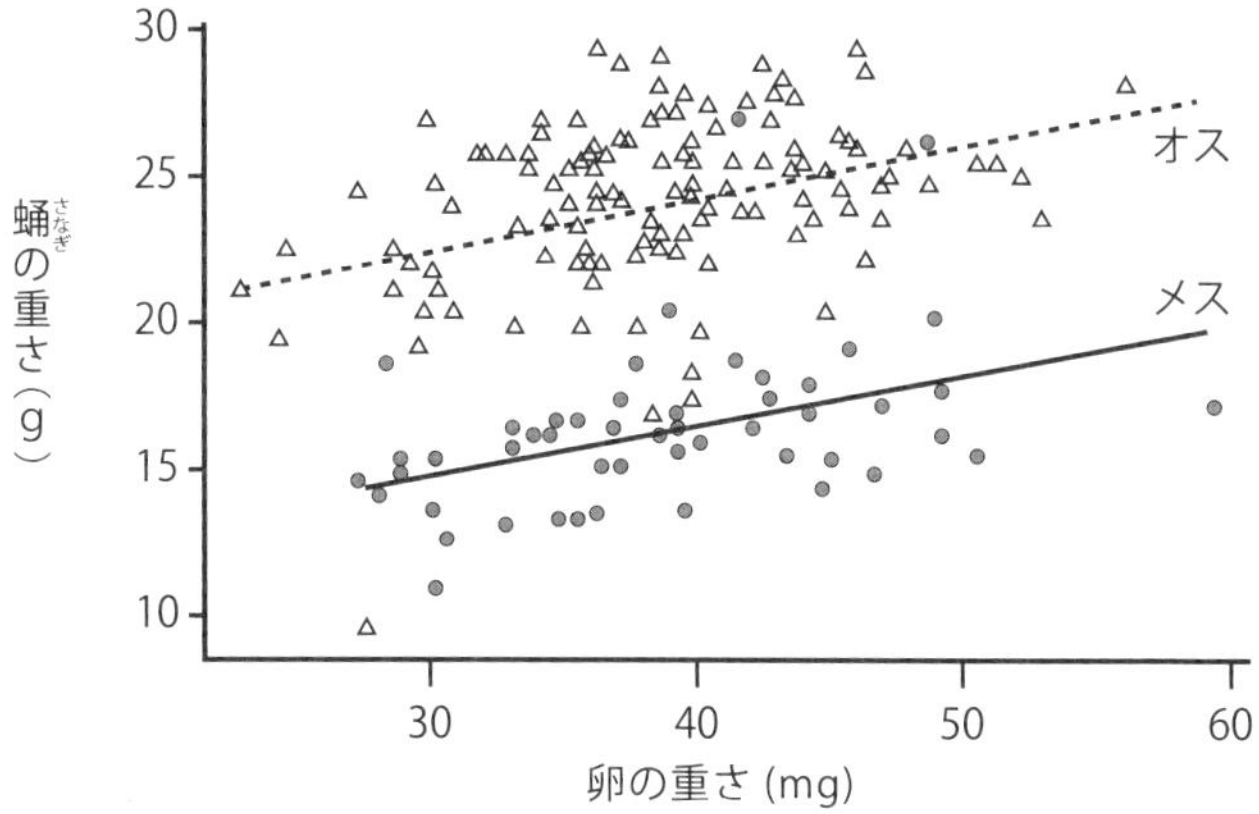

卵の重さと蛹《さなぎ》の重さの関係グラフ
大きい卵から生まれた幼虫は大きい蛹へと成長する。

が、今度はとてつもなく多くの場所をとってしまう。しかもカブトムシは幼虫期間が長い。室内で二五℃に保って飼育しても、幼虫期間は二〇〇日に及《およ》ぶ。それだけの長期間、一千匹《びき》近くの幼虫の世話をするのは一苦労だった。

幼虫を育て始めて約一年後、飼っていた最後の幼虫も蛹《さなぎ》になり、息の長い実験が終わった。卵の重さと蛹《さなぎ》の重さの関係をグラフに書いて調べてみると、やはり大きい卵から生まれた幼虫ほど、大きい蛹《さなぎ》へと成長することがわかった。苦労して取ったデータなので、喜びも大きかった。小さな卵から生まれた幼虫は、大きな卵から生まれた幼虫よりも素早く成長し、ある程度は追いつくことができることもわかった。しかしその成長速度には限界があるので、大き

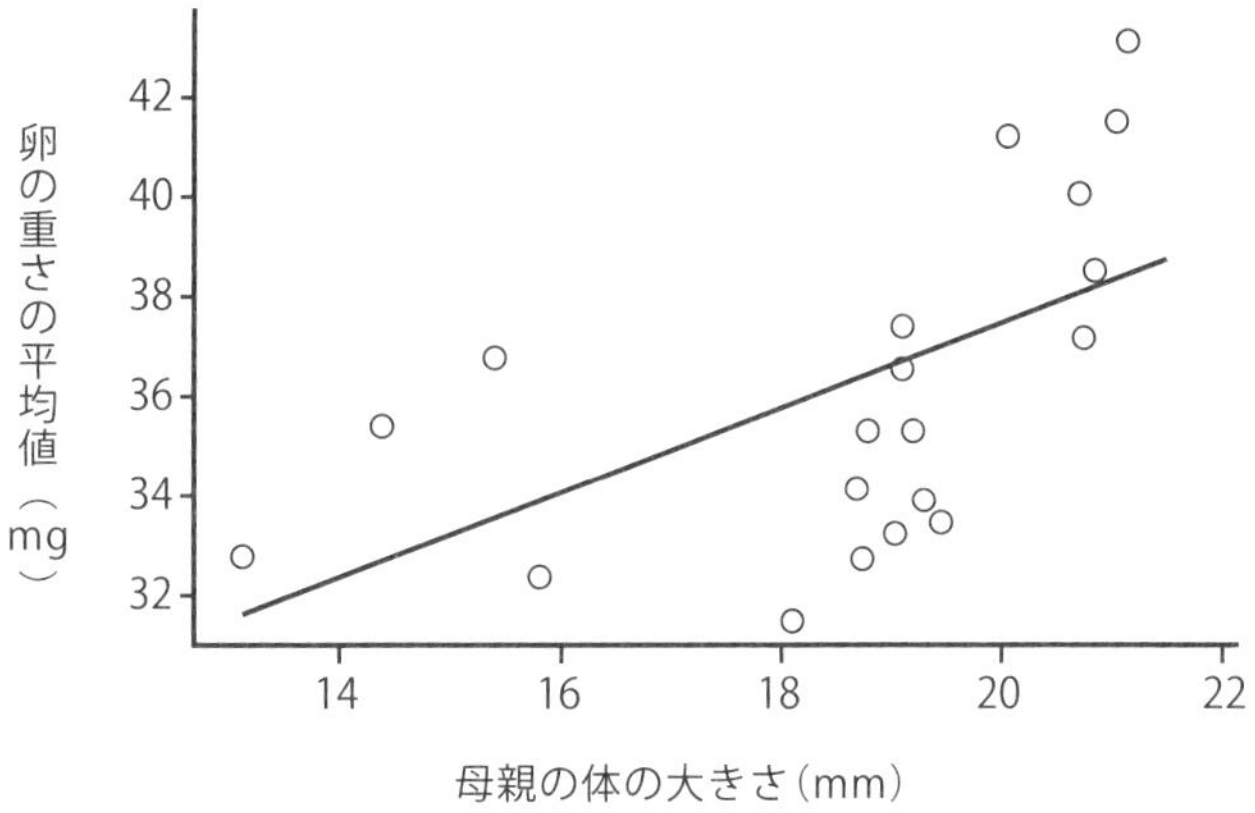

母親の体の大きさと卵の重さの平均値との関係
体の大きい母親は大きな卵を産む。

い卵から生まれた幼虫との差を完全に埋《う》め合わせることはできなかったようである。

　では卵の大きさのばらつきはなぜ生じるのだろうか。ほかの昆虫《こんちゅう》では母親の体の大きさが卵の大きさに影響《えいきょう》すると報告されていた。わたしも母親の体の大きさも記録していたので、卵の大きさとの関係をさっそく解析《かいせき》してみた。すると、大きな母親ほど大きな卵を産むことがわかった。大きな母親は体に多くの栄養を蓄《たくわ》えており、卵に多くの栄養分を与《あた》えることができるのかもしれない。また、大きな母親ほど太い産卵管を持つ傾向《けいこう》があることが他の昆虫《こんちゅう》で知られている。小さい母親は産卵管の太さが制約となり、大きい卵を産むことができないのかもしれ

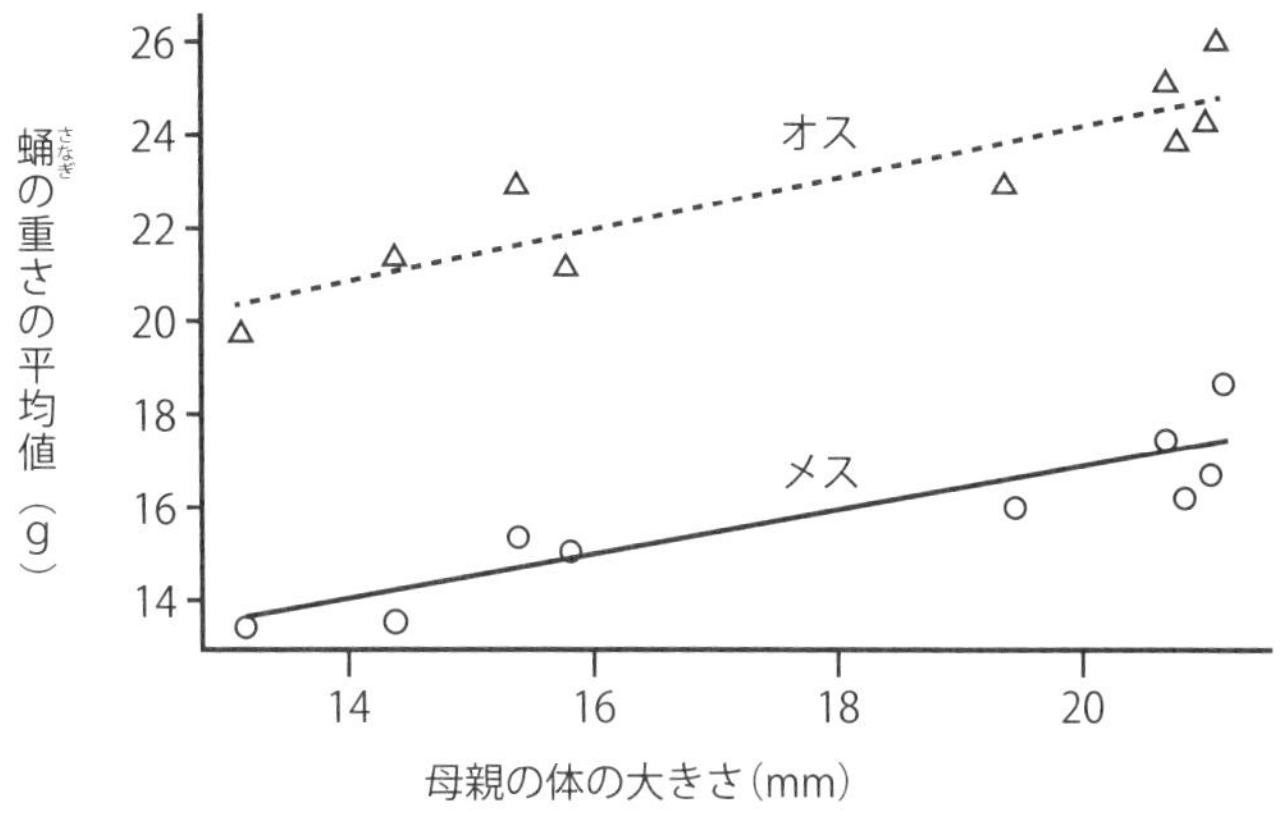

母親の体の大きさと蛹《さなぎ》の重さの平均値との関係
大きい母親から生まれた子は大きな蛹へと成長する。

ない。大きな母親から産まれた子は大きな蛹《さなぎ》へと成長することもわかった。一方で父親の体の大きさは子どもの大きさに影響《えいきょう》しなかった。もしも大きなカブトムシを得たければ、幼虫を良い餌《えさ》で育てるのは当然として、体の大きなメス親から卵を得る必要があるということだ。

この実験では他にもいくつかのおもしろい発見があった。たとえば、餌《えさ》をたっぷり与《あた》え続けたとしても、母親が老いていくとともに、産む卵の大きさは小さくなっていった。これは、母親がもともと持っている、卵を作るのに必要な成分が枯渇《こかつ》してくるためかもしれない。また、野外ではカブトムシの寿命《じゅみょう》はとても短い。このように、若いうちにできるだけ大きな卵を産んでおくというのは、元気なうちにできるだけ質のよい子を残すという意味で理にかなった戦略のようにも思える。

カブトムシはオスの方がメスよりも大きな体をもつ。オスとメスの体重の差がどのように生じるのかも、このときに取ったデータから見えてきた。まず、卵の大きさはオスとメスの間で差はなかった。つまり、一番初めは同じ大きさからスタートするのである。しかし、孵化《ふか》後六十日たつと、すでにオスの幼虫のほうがメスの幼虫よりもずっと体重が重かった。これは、オスの幼虫のほうが素早く成長するということを示している。六十日後以降もオス、メスともに少しずつ体重が増加していくのだが、メスのほうが幼虫期間が短い、つまり早く蛹《さなぎ》になっていた。おそらくメスはオスよりも早く成長を切り上げるのだろう。つまり、カブトムシのオスとメスの体重差は、成長速度と成長期間の違《ちが》いという二つの要因によって生みだされると考えられる。ただし自然環境《かんきょう》下では、蛹《さなぎ》になる時期が同調することなどにより、オスとメスは同じタイミングで蛹《さなぎ》になることが多いだろう。実際に野外で何が起こっているのかを知るためには、さらなる調査が必要だろう。

屋久島で採集したカブトムシ

◆南西諸島のカブトムシのなぞ

カブトムシは、一つの地域で見たときの体の大きさのばらつきも大きいが、地域によっても体の大きさがまったく異なる。わたしは今この地域変異に注目している。とくにおもしろいのが南西諸島のカブトムシである。南西諸島のカブトムシは本州、四国、九州などのものに比べると体が小さく、オスの角も短いといわれてきた。実際に確かめてみたいと思い、二〇一五年の夏、屋久島へと採集に出かけた。屋久島でも本州と同じように平地の集落にたくさんのカブトムシが生息しており、簡単にカブトムシを採集できた。聞いていた通り、とても小さい個体ばかりだった。また、一

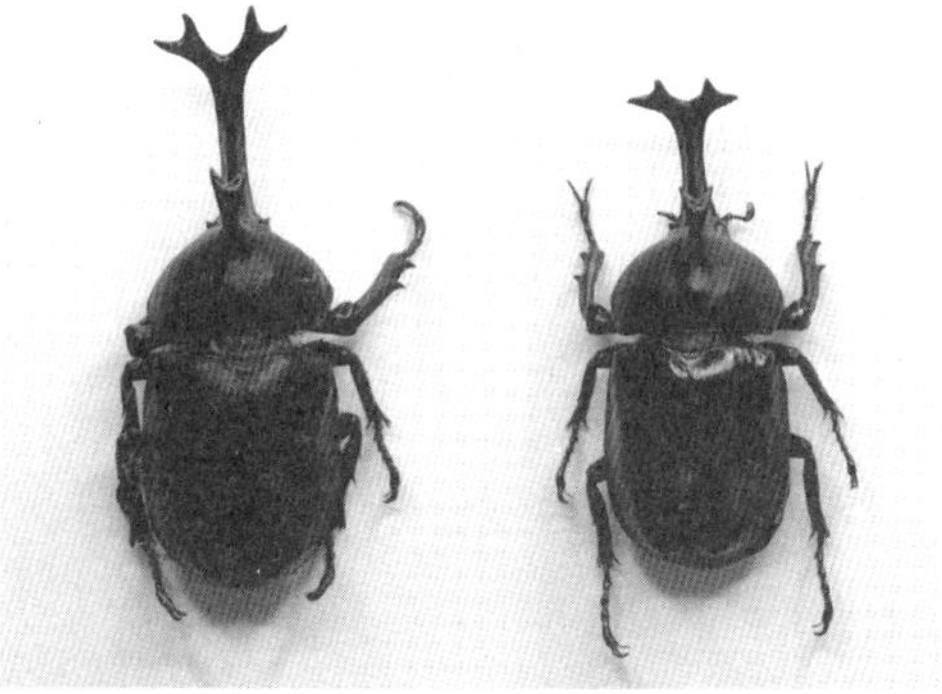

本州のオス（左）と屋久島のオス

見して本州のものと体形も違《ちが》うのが分かり、やはりただものではないと感じた。屋久島から帰ってきてすぐ次の日に、持って帰ってきた二五〇匹《ぴき》の大きさを測り、解析《かいせき》してみた。体の大きさは、本州で目にする最小クラスに相当する個体が屋久島ではほとんどを占《し》めていることがわかった。そして、体の大きさに対する角の長さも、本州のものよりずっと短かった。

南へ行けば行くほどカブトムシの体は小さくなるというわけではない。たとえば、台湾《たいわん》や中国、タイのカブトムシは、体の大きさや角の長さは比較的《ひかくてき》本州のものと近い。一体なぜ南西諸島のカブトムシだけ体が小さく角が短いのだろうか？　カブトムシのオスの長い角や大きな体というのはけんかを通して進化してきたものである。けんかがあまり起きなければ、大きな体や長い角を持つ意味はなくなるかもしれない。南西諸島ではけんかの頻度《ひんど》が低いのだろうか？　しかし、体の大きさや角の長さの進化には、他の多くの要因も関わっているかもしれない。たとえば捕食者《ほしょくしゃ》の影響《えいきょう》が考えられる。捕食者《ほしょくしゃ》は大きくて角の長い個体をねらいやすい。南西諸島では捕食者《ほしょくしゃ》が強い効果を及《およ》ぼしているのだろうか？　南西諸島のカブトムシがなぜ現在のような姿へと進化したのか、今後野外調査によって明らかにしていきたい。

南西諸島でのカブトムシの分布のパターンは少し奇妙《きみょう》である。南西諸島の中でカブトムシが生息しているのは、大隅《おおすみ》諸島の種子島《たねがしま》、屋久島《やくしま》、口永良部島《くちのえらぶじま》、沖縄《おきなわ》諸島の沖縄《おきなわ》本島と久米島《くめじま》だけである。ここで注目すべきは、大隅《おおすみ》諸島と沖縄《おきなわ》諸島にはさまれた奄美《あまみ》諸島には分布していないという点である。さらに、カブトムシが生息する五つの島の成り立ちはそれぞれ違《ちが》っている。大隅《おおすみ》諸島の種子島《たねがしま》と屋久島《やくしま》は地史的に言えば本州、四国、九州などを含《ふく》む領域と陸続きであったと考えられているが、口永良部島《くちのえらぶじま》は火山の噴火《ふんか》によってできた島である。つまり、口永良部島《くちのえらぶじま》のカブトムシは、まちがいなく島が成立した後で侵入《しんにゅう》したものである。そして沖縄《おきなわ》本島や久米島《くめじま》は台湾《たいわん》や中国などと陸続きにあった島ではないかと言われている。北から徐々《じょじょ》にカブトムシが各島へ侵入《しんにゅう》していったわけではなく、大隅《おおすみ》諸島と沖縄《おきなわ》諸島のグループというのはまったく由来が異なる可能性がある。カブトムシは南西諸島の五つの島では、体が小さく角が短いという共通の特徴《とくちょう》を持ちながらも、よく見比べるとそれぞれ微妙《びみょう》に違《ちが》っている。遺伝子の違《ちが》いを調べることなどによって、それぞれの島へカブトムシがいつごろどのようにしてやってきたか今後がわかるかもしれない。わたしのカブトムシ研究はまだ始まったばかりだ。この先に待っている未知の世界のことを想像するととてもわくわくする。

あとがき

カブトムシの研究を始めて六年ほどたつ。カブトムシの研究を通して、自然に対するわたしの価値観は大きく変わった。身近な環境《かんきょう》にいる生き物こそがおもしろいということに気付いたのだ。子どものころは図鑑《ずかん》を読みふけり、海外のまだ見ぬ鳥や虫に思いを馳《は》せていた。もちろん、旅先などの非日常の中で出会う生き物の姿が魅力的《みりょくてき》であることは今も変わっていない。しかし、都会の小さな緑地などでひっそりと生活している生き物のほうに、今はより強い関心がある。

カブトムシを採集するために都会の小さな緑地にトラップをかけることがある。するとうまくいくと一晩で一〇〇匹《ぴき》近いカブトムシを採ることができる。またトラップにはノコギリクワガタのような子どもがあこがれる昆虫《こんちゅう》もたくさん入る。公園に散歩に来ている人の多くは、カブトムシやクワガタムシがまさか生息しているとは思わないような場所である。今年の夏、渋谷《しぶや》区の代々木上原の駅前でカブトムシを見かけた。カブトムシの研究をする前であれば、「誰《だれ》かが逃《に》がしたんだろう」くらいにしか思わなかったかもしれないが、今のわたしは「この近くに生息場所があるのかもしれない」と想像をめぐらせることができる。

わたしたちは、動物園やインターネット、テレビなどのように、いつでもこちらの思い通りに生き物の姿や映像を見られる世界に慣れてしまっている。しかし自然の中の生き物というのは、向こうから人間に姿を見せてくれることはほとんどない。動物写真家、宮崎学《みやざきまなぶ》氏の言葉を借りるのであれば、「自然は黙《もく》して語らない」のだ。こちらから積極的にアプローチをしたり、生き物が残すサインに気付いたりする能力がなければ、たとえすぐ近くで多くの生き物が生活していてもわたしたちはそれを見落としてしまう。カブトムシはわたしにそのことを再認識させてくれた。

カブトムシだけではない。たとえばわたしの職場のある目黒区の東京大学にも、きちんと注意を向けていると面白い生き物がたくさん生活していることに気付くようになった。初夏にアカメガシワの花を六メートルの捕虫網《ほちゅうもう》で掬《すく》うと、ハチにそっくりの姿をしたヒメトラハナムグリを採ることができる。大学の構内に生息する昆虫《こんちゅう》で最もわたしのお気に入りの種のひとつである。

盛夏になると、エノキの梢《こずえ》に飛び交うタマムシを探すことが日課となる。ただしこちらは六メートルの捕虫網《ほちゅうもう》をもってしても手も足も出ない。構内に数多く生えるヤマグワの老木の幹をよく見てみると、キイロスズメバチそっくりのトラカミキリが這《は》い回っている。ヤマグワの幹や枝にはトラカミキリの成虫が脱出《だっしゅつ》したと思われる孔《あな》があちこちに空いている。少し大きくて楕円形《だえんけい》の孔《あな》はタマムシのものである。

秋になると、三階のわたしの居室から見える木々にはエゾビタキ、キビタキやメボソムシクイなどの小鳥がやってくる。そして冬になるとシメやジョウビタキのような冬鳥たちに入れ替《か》わる。イイギリの赤い実には、ヒヨドリやツグミが入れ替《か》わり立ち替《か》わりやってくる。シジュウカラたちが突然甲高《とつぜんかんだか》い叫《さけ》び声を上げたときは、たいてい上空をオオタカやツミなどの猛禽類《もうきんるい》が舞《ま》っている。ここに挙げた生き物たちも、興味を持たなければ、そして、きちんとした探し方を知らなければ、たとえ何年大学へ通ったとしても一度も目にする機会はないかもしれない。そしてわたし自身もまだ気付いていない世界が身近な環境《かんきょう》にも広がっているはずだ。

身近な生き物を見つけるときには、対象となる種類の習性や探し方を知っているということはもちろん大事である。しかし、それ以前に重要なのは思いこみを捨てることである。都会だからカブトムシはいないはずだ、とか、タヌキは田舎にしかいないだろう、という思いこみがあると、探す努力すらしないまま終わってしまう。研究というのも、身近な自然の中から生き物を探し出すプロセスと似ていると思う。ニュートンが、落ちるリンゴを見て万有引力の法則を見つけたといわれているように、過去の偉大《いだい》な発見の多くは、思いこみを捨てて身近な自然現象を見ることから着想を得たものである。みなさんも一度、常識を捨てて自由な発想で自然を見つめてほしい。きっとふだん何気なく見ている世界の中にも驚《おどろ》くような発見があるはずだ。

最後に、今回紹介《しょうかい》した研究をサポートしてくれた多くの方々に対して、そして本の執筆《しっぴつ》という機会を与《あた》えてくださった、さ・え・ら書房の浦城信夫さんに感謝の意を表明したい。

二〇一六年十二月

小島 渉

著者／小島 渉（こじま わたる）

1985年生まれ。2013年に東京大学大学院農学生命科学研究科で博士(農学)を取得。その後、日本学術振興会特別研究員を経て、現在、日本学術振興会海外特別研究員。カブトムシの行動や生態に関する研究を、2009年から現在まで行っている。趣味はカニ採り、魚釣り、バードウォッチング、昆虫採集。

〈挿絵〉中村広子

〈装丁〉生沼伸子

わたしのカブトムシ研究

2017年2月 第1刷発行

著　者／小島 渉

発行者／浦城 寿一

発行所／さ・え・ら書房　〒162-0842 東京都新宿区市谷砂土原町3-1 Tel.03-3268-4261
http://www.saela.co.jp/

印刷／東京印書館　製本／東京美術紙工　Printed in Japan

ISBN978-4-378-03918-3 NDC486

わたしのウナギ研究

海部健三著

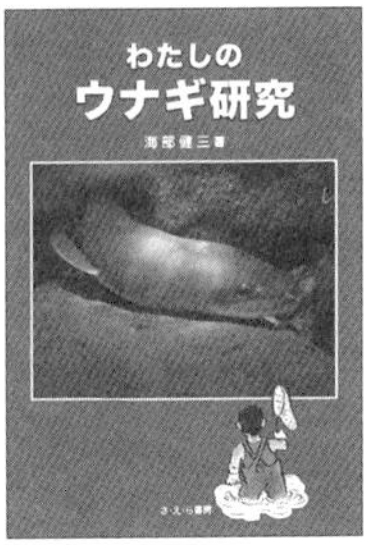

ウナギの絶滅をくいとめるには、天然のウナギがどこで何を食べ、どのように成長するかなど、その生態をくわしく知る必要がある。本書は、岡山県児島湾でウナギの生活調査をした若き研究者の記録である。

わたしの森林研究 鳥のタネまきに注目して

直江将司著

植物は、なぜおいしい果実をつくるのか？それは動物たちに食べてもらい、タネを遠くに運んでもらうためだ。どんな鳥が、どんなタネをどこへ運ぶのか、森林にどんな影響を与えているか、その調査・研究の記録。

わたしのタンポポ研究

保谷彰彦著

カントウタンポポとセイヨウタンポポのちがいを知っていれば、見分けるのはやさしい……と思っていたら、それはちがう。雑種タンポポがいつの間にか登場していたのだ。そんなタンポポの調査と研究をわかりやすく紹介。